Norbert LIPSZYC

CRISE MONDIALE DE L'EAU

L'Hydro-diplomatie

© octobre 2013

Prologue

Depuis que ce livre a été écrit, divers évènements sont venus en renforcer les conclusions.

- De nouveaux accords ont été signés
    - Entre Israël et l'Autorité palestinienne (AP) plus favorable à celle-ci quant au partage des eaux souterraines
    - Entre Israël et la Jordanie, et associant comme bénéficiaire l'AP, pour la réalisation d'une première étape du grand projet de canalisation Mer Rouge – Mer Morte, incluant pour la première fois des éléments de gestion conjointe des ressources en eau.
- De grands projets ont été lancés, en **Inde**, pour la réhabilitation du Gange, en **Chine**, pour une agriculture intelligente permettant de réduire considérablement l'eau consommée et la pollution des nappes souterraines, en **Californie** et dans d'autres états des **US** pour pallier aux effets de la sécheresse résultant du réchauffement climatique.
- Plusieurs startups israéliennes ayant innové dans les technologies de l'eau sont devenues des acteurs mondiaux de l'industrie de l'eau.

Norbert Lipszyc

Préfaces

1

L'eau étant à la source de toute chose, elle occupe une place décisive dans les relations entre les hommes, mais aussi entre les États. De tout temps, elle a été perçue tantôt comme une frontière et une cause de conflit, tantôt comme un point de ralliement et de convergence. La nécessité d'une gouvernance commune des enjeux liés à l'eau s'impose progressivement aux acteurs concernés. C'est ce que l'on appelle « l'hydro-diplomatie ».

Ce concept doit s'appliquer à tous les échelons afin d'assurer une gestion pacifique, juste, durable et efficace des ressources hydriques, de résoudre les conflits d'usage et de mettre en œuvre le « droit à l'eau » qui implique un accès aisé à l'eau potable mais aussi à l'assainissement.

Alors que le Parlement européen porte aussi souvent que possible ce message, c'est le Conseil mondial de l'eau qui, aux quatre coins de la planète, tente au quotidien d'assurer l'émergence de cette hydro-diplomatie. C'est en ce sens que ses responsables se sont exprimés lors de nombreux rendez-vous politiques internationaux tel le 6ème Forum mondial de l'eau qui s'est tenu à Marseille en 2012 ou encore le sommet de Rio+20. À la tribune des Nations-unies, Loïc Fauchon, Président du Conseil mondial de l'eau (2005-2012), proposa même l'adoption d'un « Pacte pour la sécurité de l'eau » plaçant ainsi au premier rang des enjeux internationaux la question de l'hy-dro-diplomatie. Il revient maintenant aux États et à leurs autorités locales de préciser, développer et mettre en œuvre ce projet d'intérêt général.

Dans cet esprit, je tiens à saluer la qualité de l'ouvrage de Norbert Lipszyc qui représente une contribution importante à notre réflexion à travers l'exemple particulièrement éclairant du Proche-Orient. Grâce à l'hydro-diplomatie, l'eau ne doit plus être perçue comme un problème mais comme un enjeu nécessitant la coopération de chacun, au bénéfice de tous.

Sophie Auconie
Présidente du Cercle français de l'eau
Députée européenne, membre de la commission parlementaire de l'environnement et de l'intergroupe eau du Parlement européen
Gouverneur au Conseil mondial de l'eau

2

Nous sommes heureux de préfacer le livre de notre ami Norbert Lipszyc, qui affiche et démontre un optimisme résolu en matière « d'histoires d'eau » pour Israël et ses voisins. Nous venons de publier un ouvrage de la même veine, qui analyse en France et dans le monde, les vraies ressources en eau de la planète, qui chiffre les besoins de l'humanité, notamment pour l'irrigation, et qui en tire des conclusions positives.

Alors que le « manque d'eau » actuel ou futur, est annoncé à longueur de pages ou de colonnes, cet argument ne résiste pas à l'examen attentif des ressources et des consommations globales réelles. D'où le titre de notre ouvrage : « Pour en finir avec les histoires d'eau – L'imposture hydrologique » publié chez Plon en 2012.

Mais commençons ici par un paradoxe : et si l'humanité devait tout (ou presque tout) au désert, au « manque d'eau », aux régions arides, au nomadisme, à l'élevage qui précéda l'agriculture, à la transhumance, aux déplacements dans des régions sèches, là où le regard peut porter loin, où la pensée peut se retourner sur elle-même pour des interrogations philosophiques ou religieuses, où l'observation des astres donne du sens à l'espace et au temps ?

Est-ce un hasard si Abraham a quitté Ur en Chaldée, puissamment arrosée par le Tigre et l'Euphrate, pour s'installer à Beersheva, aux limites du désert, où il creusa un premier puits ? Est-ce un hasard si son descendant Moïse écrivit le Décalogue au désert du Sinaï ? Les Dix commandements constituent le socle, la base éthique sur laquelle sont construites aujourd'hui toutes les déclarations des droits de l'Homme. Est-ce un hasard si Jean-Baptiste, puis Jésus de Nazareth ont fréquenté le désert de Judée ? Est-ce un hasard si Mahomet, bédouin du désert d'Arabie, a manqué d'eau entre Médine et la Mecque, pour lui ou pour ses bêtes ? On l'a compris : les trois religions monothéistes sont filles du « manque d'eau ».

Dans le même esprit, la Grèce et Rome, certes plus riches en eau, mais bénéficiant du climat méditerranéen, seul climat du monde qui soit sec en été, nous ont donné la Philosophie, la Mathématique, la Politique, la Démocratie, le Droit. Celui qui a dit que la civilisation européenne était la fille de la charité judéo-chrétienne, de la géométrie grecque et du droit romain », remarquait que le « Sec » est, si nous osons le dire, la vraie source philosophique ! La « Terre Promise » était aride. Il n'y a pas eu « d'Eau Promise » !

A nos yeux, ces réflexions ne sont pas des digressions pour traiter des problèmes cruciaux que rencontrent les peuples riverains du Jourdain et pour régler aujourd'hui le partage des ressources limitées dans un secteur où ne coule aucun grand fleuve comme en Egypte, en Syrie ou en Irak. Pour résoudre ces questions techniques et politiques liées à l'eau, il convient d'abord, de donner à la sècheresse une valeur positive !

Après ce retournement du regard, on peut se préoccuper des questions d'eau, ressource effectivement rare dans les pays riverains du Jourdain. On évaluera alors sereinement les usages prioritaires de l'eau et c'est dans cet esprit qu'a travaillé Norbert Lipszyc.

Il cite les systèmes déjà en place et qu'il faut développer, notamment le dessalement de l'eau de mer, que nous serions tentés de considérer comme une voie à privilégier. Encore un paradoxe qui n'est qu'apparent : la plus grande réserve d'eau douce, c'est l'eau de mer à condition de bien vouloir dépenser 0.50€/m³ pour la dessaler. Dans le cas d'Israël, cela permet d'attribuer aux Palestiniens et aux Jordaniens plus d'eau en provenance de leurs nappes phréatiques locales.

Norbert Lipszyc a raison d'affirmer que les pays arides n'ont pas vocation à développer une agriculture irriguée. Le marché mondial regorge de céréales produites dans les pays plus humides, sans irrigation, à des prix de revient imbattables. En revanche, l'élevage extensif, qui ne consomme presque pas d'eau y est possible, mais il lui faut beaucoup d'espace. Mieux vaut donc importer les produits agricoles. L'autosuffisance alimentaire est à la fois un leurre et un mauvais choix stratégique. La mondialisation permet à tous les pays du monde d'être dépendants d'autres pays pour tel ou tel bien ou service et réciproquement.

Et si, au lieu des « guerres pour l'eau » régulièrement va-ticinées ici et là, s'imposait au contraire la Paix, à cause de l'eau ! Dès aujourd'hui, ou dans un avenir très proche.

C'est bien le sens du travail de Norbert Lipszyc. « L'objectif accepté par Israël est d'amener progressive-ment les Palestiniens à disposer de volumes d'eau par habitant comparables à celui des Israéliens ».

Puissent toutes les parties prenantes, les pays concernés, la communauté internationale et tous les hommes de bonne volonté partager cet objectif et le mettre en œuvre. Un grand pas vers la Paix aura alors été réalisé.

Henri Voron, ingénieur agronome, professeur à l'Institut d'Ingénierie de l'Eau d'Ouagadougou (Burkina Faso)

Jean de Kervasdoué, Ingénieur agronome, Pro-fesseur au Centre National des Arts et Métiers, Ingénieur en chef des Ponts et des Forêts

Introduction

L'eau est « LA » ressource irremplaçable. Lorsque ses sources sont partagées par plusieurs entités politiques, la coopération entre elles est indispensable pour que l'eau ne devienne pas cause de conflit. Ce problème devient universel : l'OCDE projette que les besoins en eau d'une humanité de 9 milliards d'individus en 2050, croîtront de 55% et que 40% d'entre eux vivront dans des zones en stress hydrique. Cela entrainera la dégradation de la qualité de l'eau, donc un prix de plus en plus élevé car les normes de qualité imposées aux eaux sont de plus en plus strictes. Le fait de ne pas attaquer la pollution « à la source », comme, par exemple, pour les eaux nitratées en France, aggrave encore cette tendance. Les investissements seront donc de plus en plus lourds[1], d'autant plus dans le contexte de changement climatique. La prévention, en protégeant les ressources, en qualité comme en quantité, devient indispensable. Même en France[2], où les infrastructures existent, ce problème devient crucial. La France est un pays où il pleut en moyenne 120 jours par an. Nous consommons 165 litres/jour/personne d'une eau qui coûte de plus en plus cher et certaines régions ont à faire face à des pénuries ! Par contraste, en

---

[1] Anthony Cox, Division Intégration de l'environnement et de l'économie de l'OCDE, colloque *Relever le défi de l'économie verte*, Cercle de l'Eau, 15-11-2012
[2] Les enjeux de l'eau (Notes d'analyse 326 - 327 et 328 - Avril 2013) – Centre d'études stratégiques du Premier Ministre

Israël où la sécheresse règne (la Terre d'Israël manque d'eau depuis la plus haute Antiquité), la Bible en témoigne, on semble ne plus manquer d'eau, ni potable, ni pour les usages économiques. Les Israéliens en utilisent beaucoup moins qu'en France, car ils la rentabilisent bien mieux. Ce qu'ils font là-bas est-il transposable ici et pour les 1,6 milliard de Terriens qui n'ont pas accès à l'eau potable ? Selon l'UNESCO « là ou l'eau potable manque, ce ne sont pas des problèmes physiques qui sont en cause mais des problèmes financiers, ou d'organisation. Exemples : l'Ethiopie qui dispose d'une branche du Nil a des problèmes. Las Vegas dépense une orgie d'eau dans un désert. L'eau y vient du Colorado »[3]. ... Que faire dans tous les endroits de la planète où 5 000 enfants meurent chaque jour faute d'avoir accès à une eau potable ?

On peut suivre l'exemple des Juifs qui, revenus sur leur terre ancestrale à la fin du XIXe siècle, après en avoir été chassé par les Romains en 70 de l'ère commune, ont fait reverdir leur terre considérée comme aride et désertique par tous les voyageurs depuis le 18ème siècle (le terme « terre désolée » est celui qui revient le plus souvent dans les récits de voyage). La Bible parle d'une « terre qui mange ses enfants », et aucun des envahisseurs successifs ne l'a rendue habitable en deux millénaires. Les citadins venus d'Europe de l'Est à la fin du XIXe siècle durent s'acclimater à la chaleur, faire face au manque d'eau. For-

---

[3] UNESCO, L'eau, source de vie, bien commun de l'humanité, Ritournelles ou réalité, journée des ONG 27 juin 2011

cé de devenir pionniers, ils ont retrouvé et exploité des
sources oubliées et les ont partagées avec leurs voisins.
Ces vagues d'immigration[4] ont provoqué une très forte
croissance démographique (triplement de la population
d'Israël en dix ans, 50% d'augmentation lors des 18 mois
suivant l'indépendance de l'Etat, malgré la guerre lancée
contre eux qui a duré presque un an). L'exploitation de
toutes les ressources naturelles en eau leur a permis d'y
faire face jusqu'au début des années 1970. Ensuite, il fal-
lut trouver autre chose et la technologie a pris le relais
pour transformer les usages traditionnels inadaptés.
L'irrigation goutte-à-goutte et un réseau national d'eau à
gestion centralisée ont permis de la fin des années 1960 à
celle des années 1980 de maintenir à un niveau constant
la consommation, malgré la croissance démographique
qui continuait et l'amélioration forte du niveau de vie, qui
entrainait une demande accrue des ménages. La réflexion
s'est engagée sur les usages de l'eau en zone de pénurie.
Les politiques ont dû redéfinir les équilibres entre les
divers besoins, humains, agricoles, biodiversité et beauté
des paysages. Aucun « Parti Vert » n'est pourtant né en
Israël pour réclamer le retour d'une plus grande part de
l'eau à la nature. Une ONG, la *Société pour la protection de
la nature en Israël*, la SPNI, a organisé les débats à
l'échelle nationale et réussi à faire passer le message que

---

[4] Mouvement connu localement sous le nom de « première alyah », première
« montée », nom donné dans la Bible au pèlerinage à Jérusalem et repris dans
les temps modernes pour l'émigration vers Israël.

la préservation de l'environnement est l'affaire de tous. Les politiques ont suivi. La SPNI a élaboré et proposé au gouvernement un projet politique de l'eau en six volets, devenu stratégie nationale[5].   Ce livre montre comment cette politique a permis le développement des Israéliens, et aussi des Palestiniens, malgré la pénurie d'eau. Nous espérons que cet exemple soit suivi partout où l'on meurt par manque d'eau potable.

Eau et démographie sont liées.

Sans eau, la terre est un désert. Sans eau, pas d'agriculture, pas de villes, pas de développement. A l'inverse, une population importante sur un territoire témoigne de ressources en eau. La zone comprise entre Jourdain et Méditerranée est pauvre en eau. Cela n'empêche pas la croissance rapide de la population et de son niveau de vie, rendus possibles par la technologie et les économies. Le climat est caractérisé par une haute fréquence d'années sèches, une courte saison des pluies et une importante évaporation des eaux de surface : 70% de l'eau de pluie s'évapore, 25% s'infiltre dans les nappes phréatiques et 5% s'écoule dans les lacs et rivières.

Les principales sources d'eau fraiche d'Israël, de la Jordanie et des Territoires palestiniens sont le Lac de Tibé-

---

[5] Bulletins du Ministère de la protection de l'environnement : 1 - réduire la part de l'agriculture en changeant ses modes de production, 2 - augmenter la part des ménages, 3 - ne plus subventionner l'eau afin que le prix de vente reflète les coûts réels de production, 4 - recycler toutes les eaux usées, 5 - économiser au plan individuel et collectif, 6 - développer les technologies de production d'eau comme le dessalement et le recyclage.

riade (Kinnereth en Hébreu, 20% des besoins israéliens), l'Aquifère côtier, (20% de l'eau potable) et l'Aquifère de montagne (20% des besoins en eau de haute qualité). L'Aquifère de montagne est la principale source d'eau fraiche en Cisjordanie. L'Autorité Palestinienne purifie peu son eau et n'utilise presque pas d'eau recyclée pour l'irrigation.

La technologie a modifié la géostratégie de l'eau. Jusqu'en 1990, seules les sources naturelles étaient disponibles. Depuis, le dessalement et le recyclage des eaux usées pour l'agriculture permettent à Israël de transférer vers les Palestiniens plus d'eau à partir des ressources partagées, facilitant l'évolution vers une paix entre voisins. Israël est devenu leader mondial du recyclage et le pays pratique le dessalement à grande échelle. Comme le dit Pierre Berthelot, chercheur français (voir note de bas de page n° 142) : « Dans le cadre des conflits israélo-palestinien et israélo-arabe, l'eau est un catalyseur, un prétexte, un facteur aggravant des tensions. » Il n'en est plus la cause car les moyens technologiques permettent de résoudre la pénurie ? Depuis les accords d'Oslo en 1993, les Israéliens ont officialisé l'idée qu'ils visent au terme du processus de paix la parité en consommation d'eau par habitant pour toutes les parties concernées. En attendant, ils sont respectueux du droit : amorces de droit international, accords et traités signés. Les Palestiniens préfèrent prendre une posture de victime face à la communauté internationale : « nous sommes soumis à leur loi et, regardez les chiffres, nous consommons bien moins d'eau qu'eux ». Les chiffres démontrent le contraire, mais peu importe. En réalité, nécessité fait loi et une collaboration active s'est mise en place, même si elle est niée officiellement par l'Autorité palestinienne (AP)[6]. La première guerre mentionnée dans la Bible est celle entre les bergers d'Abraham et ceux d'Abimelech pour le contrôle des puits de Beercheva. La Bible indique aussi comment résoudre ce problème : la collaboration entre les deux peuples permet une exploitation optimale pour tous. Ce principe est au centre de toutes les propositions israéliennes à notre époque.

Depuis toujours, l'eau est la ressource la plus importante pour l'homme en général et pour le peuple juif en particulier. C'était le cas dans l'Antiquité, puis à la fin du XIXe siècle pour le mouvement sioniste de libération nationale du peuple juif et cela perdure pour l'Etat d'Israël. Cela se traduit dans la langue : tout comme les Eskimos ont une quarantaine de mots pour décrire la neige, l'hébreu dispose de nombreux mots pour parler des eaux : le nom générique, « *mayim* », est déjà un pluriel. Il apparait 580 fois dans la Bible hébraïque et c'est la métaphore la plus commune de la liturgie. Des vocables différents désignent les premières et les dernières pluies, les divers niveaux de crues et d'étiages, les six types de sécheresse et les divers types de rosées. Les patriarches et le Talmud se

---

[6] Daniel Reisner, avocat, ancien conseiller juridique des délégations qui ont négocié les accords de Taba sur l'eau en 2004-05.

préoccupent du creusement de puits et de leur protection. Et ils se préoccupent de la protection de la biodiversité et des besoins de la nature. Cela se retrouve aujourd'hui dans la législation et les politiques d'Israël.

1   Données géographiques et physiques

Sur une carte du Proche-Orient, on peut distinguer Israël et les deux territoires palestiniens, la Cisjordanie et la bande de Gaza, au nord le Liban, à l'est la Jordanie et la Syrie, au sud le Sinaï égyptien et l'Arabie Saoudite, séparés par le golfe d'Aqaba de la Mer Rouge. L'imbrication des frontières, la localisation des ressources en eau et des populations aident à comprendre la complexité. L'eau est rare au Proche-Orient. Dès la plus haute Antiquité elle a été cause de conflits et de migrations de populations. Sa pénurie lors de longues sécheresses a causé la chute d'empires. Mais elle peut aussi devenir source de paix, grâce aux technologies permettant de résoudre les problèmes posés par la pénurie.

Selon les classifications de l'ONU, avec 1 700 à 2 500 m^3/personne/an on est en situation de vulnérabilité, de stress hydrique lorsqu'on en dispose de 1 000 à 1 700, de pénurie avec moins de 1 000. Les habitants de la Palestine historique, région aride et semi-aride, sont tous dans l'une de ces catégories. Les volumes moyens de pluie par an et par habitant varient de 940 m^3 au Liban à 105 dans les Territoires palestiniens, 861 en Syrie, 732 en Egypte, 172 en Jordanie et 153 en Israël[7]. Le changement climatique aggrave cette situation de pénurie par une plus grande variabilité des pluies et une fréquence plus élevée d'évènements extrêmes. Pour y répondre, il faudra adap-

---

[7] Source Aquastat 2008 - EMWIS-SEMIDE, chapitre 4, *Consommations*

ter les technologies de l'eau et de l'énergie, les modes de gestion agricoles et la conception même des villes. La gestion de l'eau devra prendre en compte l'ensemble des valeurs de l'eau afin de répartir les ressources limitées au mieux des usages.

Une région en pénurie hydrique

Les ressources en eau de la région sont très en dessous des seuils de pauvreté définis par l'ONU. Les chiffres déclarés par l'AP et repris par la Banque Mondiale portent controverse, ne précisant ni les usages, ni l'origine des données, aussi est-il difficile de les comparer à d'autres. Si l'on considère l'eau des ménages, Israéliens et Palestiniens disposent presque de la même quantité. L'AFD (Agence française de développement) affirme que la ressource annuelle en eau par habitant en Cisjordanie est de 390 m^3. C'est quatre fois plus que ce qu'indique la Banque Mondiale et près du double de ce dont dispose un Israélien[8].

Cas de l'Egypte

L'Egypte fut longtemps considérée comme « bénie des dieux » grâce à l'apport hydrique du Nil[9]. Pourtant, le pays aujourd'hui fait face à une série de pénuries causées par une mauvaise gestion des sources et des réseaux. Selon les spécialistes égyptiens, le pays perd plus de la

---

[8] Le Secteur de l'eau dans les Territoires palestiniens – Enjeux et enseignement Rapport AFD

[9] Cette source est aujourd'hui menacée par la construction en Ethiopie du barrage *Renaissance* sur le Nil Bleu. Ahram online, 29 mai 2013

moitié de son eau fraîche par manque de maintenance des réseaux. Elle est de mauvaise qualité par manque d'entretien des usines de traitement[10]. Le changement climatique accentue l'évaporation et provoque une diminution des pluies localement. L'augmentation rapide de la population d'autre part et l'inaction des pouvoirs publics ont fait de l'Egypte un pays qui a soif, en termes quantitatifs comme qualitatifs. L'eau pour l'agriculture, pour l'industrie et pour bien des usages individuels est prélevée directement dans le lit du Nil par des pompes électriques. Le lac de retenue du barrage d'Assouan, Lac Nasser, est important pour la production d'électricité, mais c'est une surface d'évaporation intense des eaux fraîches apportées par le Nil. Une conférence nationale, intitulée « *La soif, grandit : Solutions durables pour l'approvisionnement en eau de l'Egypte* », s'est tenue en 2013 au Caire. Comme l'a déclaré Tarek Kotb, Secrétaire d'état des ressources en eau et de l'irrigation : « la population croît de 1,8 million d'habitants chaque année, alors que l'allocation annuelle en eau résultant des traités internationaux sur le Nil, reste fixée, depuis 1959, à 55 milliards de m^3. Cela ne représente plus aujourd'hui que 660 m^3/an par habitant. Si un système efficace de gestion des eaux n'est pas mis en place, en 2050 les Egyptiens ne disposeront plus que de 370 m^3/an par habitant. La construction par les Ethiopiens d'un grand barrage sur le Nil

---

[10] Louise Sarant dans Egypt Independent Tue, 26/02/2013

Bleu n'arrangera rien. Selon Claudia Bürkin, coordinatrice du secteur de l'eau dans le programme allemand de coopération pour le développement, l'Egypte doit faire face à deux problèmes : les pertes par fuites, et la mauvaise qualité de l'eau. Aujourd'hui l'Egypte investit pour lutter contre les pertes, selon Kotb. Mais le pays manque des moyens légaux et de normes pour imposer un niveau de qualité suffisant. L'état politique actuel de l'Egypte a un impact négatif sur cette situation, car les ressources nécessaires manquent et le volume et la qualité de la production agricole commencent à s'en ressentir.

Pluviométrie

Le climat général du Proche-Orient se caractérise, depuis la plus haute Antiquité, par la prédominance de l'aridité. La Bible, les écrits égyptiens, grecs et romains, décrivent les sécheresses périodiques de Canaan (Terre d'Israël[11]), qui poussaient les habitants à s'exiler. L'eau douce ne provient que des pluies qui sont collectées par les nappes phréatiques, les rivières et bassins naturels, comme le Lac de Tibériade, ou artificiels. On n'y trouve aucun aquifère fossile d'eau douce, mais, à grande profondeur, un aquifère d'eaux saumâtres (salées à 10% du taux de sel de la mer). Les pluies sont quasi inexistantes de mai à septembre. Durant cette saison, les températures sont de 30°C à 50°C selon les zones. Sur la côte, comme sur les zones montagneuses (Mont Djebel en Syrie, Mont Liban,

---

[11] Qui inclut l'ensemble des territoires d'Israël, de la Jordanie, de la Cisjordanie et de Gaza, (région nommée Palestine par les Romains en 70 après J-C)

monts de l'Anti-Liban se prolongeant jusqu'au Golan, collines de Cisjordanie et du nord de la Jordanie, Monts de Judée), il pleut de novembre à avril. La pluviométrie annuelle moyenne est inférieure à 250 mm/an, allant de zones bien pourvues (plus d'un mètre/an de pluies sur les hauteurs du Liban) aux désertiques (moins de 25 mm par an à Eilat).

L'enjeu de l'eau, vital et déterminant pour Israël, est compliqué par le climat régional. Les précipitations se concentrent sur les régions montagneuses du nord où la Galilée et le Golan sont les réservoirs du pays. Le sud a un climat semi-aride ou désertique. Par exemple, il pleut à Eilat moins de 5 jours par an apportant environ 25 mm de précipitations (à comparer aux 81 jours de pluie par an et 570 mm de précipitation à Marseille). Or les besoins en eau sont répartis de manière très différente de celle des ressources naturelles[12] : les 2/3 des besoins urbains et industriels se trouvent dans la partie centrale du pays et une grande part des besoins agricoles dans le sud.

Israël et les territoires sous Autorité Palestinienne (AP) ont un climat en déficit hydrique. La plupart des régions de la zone se situent sous le seuil d'aridité de 200 mm de pluies par an et il s'évapore plus d'eau qu'il n'en tombe durant la majeure partie de l'année. Il faut ajouter une variabilité du climat, avec des grandes sécheresses, comme en 1990-91, en 1999-2000, parfois sur plusieurs

---

[12] Direction Nationale des Eaux, http://www.water.gov.il et International Journal of Climatology juin 2013

années consécutives comme durant les années 1980 ou 2000. Les statistiques historiques montrent des variations considérables des pluies d'une année à l'autre dans le Centre et le Nord, de 270 mm/an en moyenne pour les années les plus sèches à 683 pour les plus arrosées. Le nombre de jours de pluie va de 46 à 66. Même les années les plus arrosées la région est en pénurie. Depuis 1991, la sécheresse s'est globalement accrue : 10 années de sécheresse en 20 ans (précipitations < 10% ou plus à la moyenne annuelle).

Sur la période 1954-2004, la comparaison régionale montre que la situation climatique s'est dégradée, en concordance avec le réchauffement climatique[13].

	Total annuel 2009-2010	Moyenne de 1971 à 2000
Tel-Aviv	540	587
Jérusalem	497	554
Har Kena'an (centre)	681	682
Nord et est		
Haïfa	633	538
Galilée du nord	574	509
Vallée du Jourdain	281	291
Néguev et Arava		
Beersheva	213	204
Nord Néguev	310	514
Mitspe Ramon	134	77
Eilat	24	29

---

[13] Source: Israel Meteorological Service.

Israël a connu une période très sèche de 1998-2000, qui a eu des conséquences désastreuses sur les réservoirs : nappes phréatiques et lac de Tibériade. Les fortes préci-pitations du début des années 1990, les plus importantes depuis près de 150 ans, avaient permis de les recharger, mais la sécheresse de 1999 a tout effacé. Le volume d'eau consommé durant ce temps excédait la quantité d'eau renouvelable. La rareté des précipitations n'est pas seule responsable de la crise. Israël, la Cisjordanie et la bande de Gaza sont soumis à une évaporation de plus en plus intense (érosion des sols et changement climatique)[14]. Les nappes sont moins renouvelées car l'urbanisation imperméabilise les sols. Les ressources renouvelables moyennes en Israël ne dépassent pas 1,4 milliard m^3/an, mais la consommation annuelle d'eau est de 2 milliards m^3/an, stable depuis 20 ans, alors que la population et le niveau de vie se sont considérablement accrus.

Pendant les 8 années de sécheresse sévère (2003-2011), le niveau du Lac de Tibériade, n'a grimpé durant la saison des pluies que de 1 m/an au maximum, (la moyenne est de 1,6 m), 50 cm en 2008, l'année la plus sèche. L'apport moyen étant de 320 millions de m^3/an, le niveau du lac a baissé de 4,5 m pendant ces 8 ans. « Il y a deux lignes théoriques pour estimer le niveau des réserves. La ligne rouge est la limite en dessous de laquelle il vaut mieux ne pas descendre, mais il reste possible de recharger le lac

---

[14] La soif du monde - Forum sur l'Eau, Service de coopération scientifique de l'ambassade de France en Israël, Dialogue mai-juin 2013

sans effets néfastes. La ligne noire est une limite irréver-
sible en dessous de laquelle les réserves sont affectées à
long terme : de l'eau salée s'infiltre et détériore la qualité
de l'eau douce »[15]. Malgré des hivers pluvieux importants
(2002-2003 et 2011-2012), la situation reste toujours
préoccupante. En 2012, l'équivalent de la production
d'une usine de dessalement a été apporté en plus de
l'apport moyen au Lac, soit 450 M m³ au total. Pour la
première fois en 8 ans, l'hiver 2011-2012, il a grimpé de
2 mètres en une seule saison des pluies. Malgré cette remontée, son niveau reste à 3 mètres sous celui où il est
plein. L'abondance des pluies a fait remonter le niveau de
l'Aquifère de montagne, le ramenant au dessus de la ligne
rouge, mais l'état de l'Aquifère côtier reste préoccupant.
Le service des Eaux envisage de cesser toute extraction
afin de lui permettre de se remplir à nouveau.

Le Directeur Général du service hydrologique, le Dr Amir
Givati, affirme que « l'économie israélienne de l'eau est
revenue à une situation normale après des années de
sécheresse. Pour conserver cet état, il faut maintenir la
discipline de l'eau, d'autant qu'aucune prévision fiable
pour l'année suivante n'est possible avant octobre ».

L'amélioration spectaculaire de l'économie de l'eau en
Israël provient de l'expansion des usines de dessalement
de l'eau de mer. La moitié de l'eau potable consommée en

---

[15] L'eau en Israël : L'innovation pour répondre à une situation difficile ; vers une
indépendance de l'or bleu, Rapport du Bureau scientifique de l'Ambassade de
France en Israël, Marianne Miguet

2012 provient des trois usines alors en service : Ashkelon, Hadera et Palmachim. Cette dernière est en cours
d'extension. En 2014, quand les usines d'Ashdod et de
Soreq produiront à plein, Israël disposera d'une capacité
de 600 M m³/an d'eau dessalée, le double de la capacité
de 2011. Cela permettra de mieux gérer les niveaux du
Kinnereth et des aquifères. L'objectif de Mekorot, la compagnie des eaux, est qu'en fin 2013, l'eau dessalée représente 75% de l'eau potable fournie aux usagers. Malgré
cela, il reste un déficit de 1,5 M m³ accumulé pendant les
années de vaches maigres. La crise de l'eau n'est pas ter-
minée, elle a cessé de s'aggraver. Il reste indispensable
d'économiser l'eau. Après les périodes de sécheresse il y
a souvent des intempéries courtes, mais violentes, aux
effets dévastateurs. Celles de janvier 2010, ont causé des
dégâts importants dans le nord du Néguev. Des infrastructures n'ont pas résisté, à l'image du pont de Nitzana
qui s'est effondré sous le poids des importantes chutes de
pluie.

Contexte historique

Jusqu'au début du XXe siècle, de nombreux voyageurs en
Palestine décrivent sa « désolation ». Or la Bible et le
Talmud dépeignent la Terre d'Israël, avec la précision
d'un traité de botanique et de zoologie, comme une terre
couverte de forêts avec des milliers d'espèces. Au 1er
siècle avant l'ère commune, l'historien Flavius Josèphe
parle de la « pléthore de l'horticulture ». Lord Herbert
Samuel, le premier Haut Commissaire britannique, écrit

en 1920 que « malgré sa petite taille, le pays d'Israël re-
cèle la variété d'un continent ». Plus de 2600 types de
plantes, des centaines d'espèces d'oiseaux, de reptiles, de
poissons et de mammifères autochtones y ont été recen-
sées. Les campagnes militaires des Romains détruisirent
le pays et le vidèrent de ses habitants. Cela provoqua la
déforestation et l'érosion des sols, accentuées lors des
invasions arabes, puis sous occupation ottomane. Le
même phénomène transforma une grande partie du
Moyen-Orient en désert.

L'environnement de la région est fragile. Dès que la couverture d'arbres disparait, l'érosion des sols commence.
L'agriculture irriguée, par suite du manque de pluies,
salinise les sols et le désastre écologique frappe « le
croissant fertile ». Le mouvement sioniste, qui prônait le
retour à Sion, était conscient de ces phénomènes et l'une
de ses premières tâches, dès le début du XXe siècle, fut de
replanter des arbres. Israël est la seule région au monde
qui a débuté le XXIe siècle avec plus d'arbres qu'au début
du XXe.

Le premier recensement effectué par l'Empire ottoman
en 1882 en Palestine (qui incluait aussi l'ensemble du
territoire devenu la Jordanie) révélait une population de
350 000 habitants, dont 30 000 à Jérusalem, 10 000 à
Jaffa, 6 000 à Haïfa, 10 000 à Hébron et 7500 à Safed. Les
autres agglomérations, y compris Nazareth et Gaza,
n'étaient que des villages. Il faut y ajouter environ 20 000
Bédouins nomades, qui s'établissaient une partie de

l'année sur le territoire de la Palestine. La population arabe était très hétérogène. En 1880, Laurence Oliphant, diplomate et anthropologue anglais, identifiait 9 groupes ethniques différents dans les villages autour de Haïfa. En 1918, selon le Journal *Le Temps*, Jérusalem comptait 70 000 habitants, dont « les musulmans formaient le huitième et les chrétiens le cinquième »[16]. En 1931, 10% des arabophones étaient chrétiens. Lors du Mandat britannique, cette diversité augmenta encore du fait de l'immigration arabe. Tous les voyageurs et pèlerins des XIXe et XXe siècles, tels Lamartine, Mark Twain, Israël Zangwill, parlaient de désolation, d'abandon et de la misère de la majorité juive de Jérusalem. Jérusalem était connue pour sa puanteur jusqu'en 1892 où le premier système d'égouts y fut mis en service par les Juifs. L'année suivante, le premier train du pays fut construit par l'ancêtre d'Itzhak Navon, 5ème président de l'Etat de 1978 à 1983. Les pratiques de l'empire ottoman causèrent un désastre écologique sans précédent. La plupart des terres appartenaient à des féodaux résidant à Beyrouth ou à Damas. Ils prélevaient sur leurs fermiers une part énorme des récoltes. Les fellaheens n'avaient d'autre choix que de surexploiter les terres domaniales, les forêts en particulier, pour leurs élevages de chèvres. Cela les a détruites en bien des endroits, puis causé l'élimination de toute végétation. Les Ottomans avaient imposé une taxe

---

[16] *Le Temps*, supplément Illustré de juillet 1922, intitulé « La Palestine nouvelle et l'effort sioniste »

sur les arbres, incitant de nombreux propriétaires à arra-
cher des bosquets entiers d'oliviers. Enfin, durant la
guerre de 1914-18, on estime que 30 000 hectares de
forêts furent détruits par les armées turques pour leurs
besoins de guerre. Divers mammifères et rapaces furent
totalement exterminés par la chasse pratiquée sans aucune régulation, avec les fusils de précision récemment
disponibles. Ainsi disparut le daim de Mésopotamie en
1912. Il fut réintroduit dans les années 1960 par Israël :
une réserve fut mise en place dans les forêts du Carmel
pour sa protection, les premiers animaux étant importés
d'Iran.

Au début du XXe siècle, il y avait en Palestine 18 000 hectares de marécages où régnait la malaria. Le mouvement
sioniste entreprit de réhabiliter la terre, pour laquelle les
pionniers juifs, même communistes et athées, manifes-
taient un respect quasi religieux. Ils s'efforcèrent de
maintenir les équilibres écologiques et de restaurer de
nombreux écosystèmes. Le mandat britannique (1920-
1948) permit un fort développement démographique et
économique. La population juive fut multipliée par 10
durant cette période, malgré les nombreuses restrictions
que les Anglais mirent à l'immigration juive. Celle des
Arabes doubla, l'essor économique amenant des migrants
de Syrie, du Liban, d'Irak venant profiter du dynamisme
des entreprises juives et des salaires (plus du double de
ceux pratiqués chez eux). Les Juifs construisirent le premier barrage hydro-électrique sur le Jourdain et les

grandes villes du pays furent électrifiées. Les Anglais lan-
cèrent des grands travaux : routes, une raffinerie de pétrole à Haïfa et l'oléoduc la reliant aux puits de pétrole
d'Irak. L'amélioration des conditions sanitaires apportée
par les Juifs entraîna une baisse de la mortalité infantile
de plus de 90% entre 1925 et les années 1940 pour les
Juifs et les Arabes.

Politique de conservation du Mandat britannique

L'un des apports majeurs des Britanniques fut la mise en
place des premières réglementations de protection de
l'environnement, dont la jurisprudence en matière de
dommages fut reprise par Israël dans sa législation. Les
premiers règlements de la pêche et de protection des
forêts et des animaux sauvages furent édictés dès les années 1920. La loi sur la forêt interdisait toute une série
d'activités : la coupe des arbres, l'exploitation de car-
rières ou de mines, les pâturages. Il fallait un permis préalable pour tout passage d'animaux. Tout feu y était interdit. Les violations pouvaient entraîner jusqu'à six mois
de prison. La loi anglaise transformant toutes les forêts
en terres domaniales servit de base au Service des réserves naturelles établi par la suite par Israël. Le Fond
National Juif (KKL selon ses initiales hébraïques) planta
des millions d'arbres sur des terres achetées, puis sur les
terres domaniales. Le terrorisme des Arabes contre les
Juifs a souvent eu recours à des incendies volontaires de
forêts, comme aujourd'hui. Les premiers règlements sur
la protection de la flore sauvage virent le jour en 1930 et

l'interdiction de cueillir des fleurs dans les réserves naturelles fut édictée en 1931. Le Code Pénal de 1936 conte-
nait des provisions interdisant la pollution de l'air et de
l'eau. Ces lois furent reprises en Israël dès les années
1950.

Une politique générale de l'eau fut promulguée en 1940.
Elle annulait tous les droits antérieurs accordés à des
personnes privées et accordait les droits sur toutes les
eaux de surface et souterraines au Haut Commissaire
britannique, afin qu'il les gère au mieux des intérêts du
pays. En 1944, un haut commissaire des eaux fut nommé.
Mais les autorités mandataires ne s'occupaient que de la
répartition de la ressource, pas de sa qualité. Les municipalités, libres de disposer de leurs eaux usées comme
elles l'entendaient, s'en débarrassèrent dans les rivières,
comme moyen le plus « sûr » de les éloigner de la ville.
Cette situation prévalut jusqu'en 1990. Entre 1924 et
1938, les agences agricoles du mouvement sioniste creu-
sèrent 548 puits et un réseau de canaux pour capter
sources et rivières. Cette autonomie hydraulique devait
être contrôlée. Les autorités sionistes créèrent, en 1937,
l'entreprise Mekorot, devenue, après la fondation de
l'Etat, compagnie nationale des eaux. Elle fournit aux
municipalités urbaines et agricoles l'eau nécessaire à
l'irrigation et à la consommation domestique jusqu'à ce
jour. Pour les sionistes, rendre la terre habitable passait
par l'assèchement des marais afin d'éradiquer la malaria,
qui avait toujours fait partie de la vie en Terre Sainte et

qui tua bon nombre de pionniers. Les commentateurs bibliques estiment que c'est à elle que faisaient référence les espions envoyés par Moïse dans le pays lorsqu'ils le décrivirent comme « un pays qui dévore ses habitants ». La moitié des enfants des écoles juives de Jérusalem étaient porteurs de la maladie selon une étude menée en 1912. En 1920, le taux d'infection dans la population juive était de 355 cas sur 1000, causant 526 décès. En 1921, sous l'action conjuguée du centre agronomique créé par le Dr Aharonson, et de l'hôpital Hadassah à Jérusalem, le taux d'infection recula de 80%. Les organismes sionistes appliquèrent les mêmes méthodes dans tous les villages, juifs et arabes. Le développement agricole qui s'en suivit changea totalement les paysages. Aucun n'est plus typiquement « israélien » que celui de la vallée de Jezréel, qui fit la fierté des sionistes et qui fut chantée par des poètes[17]. Pourtant, en 1905, la voyageuse américaine Gertrude Bell décrivait ce même paysage comme un marécage où la boue était si profonde que mêmes les mules ne pouvaient y avancer.

En 1938, le gouvernement américain envoya en Palestine une mission d'étude agricole, dirigée par Walter Clay Lowdermilk, un agronome chrétien, qui proposa la mise en place d'une Autorité du Jourdain sur le modèle de la *Tennessee Valley Authority*. Il rassembla ses impressions

---

[17] Notamment Nathan Alterman : « Les champs de blé font des vagues - Le chant des troupeaux s'élève. - Ceci est ma terre et ses champs. - Ceci est la vallée de Jezréel. »

de Palestine dans un livre[18] où il écrivit notamment : « A côté de la désolation dans laquelle nous avons trouvé la Terre Sainte, nous avons pu voir les effort déployés pour rendre à la terre, trop longtemps négligée, son ancienne fertilité. C'est ce que nous avons vu de plus remarquable dans les 24 pays que nous avons étudiés. Les pionniers juifs, qui fuirent vers la Palestine les persécutions et la haine qui les accablaient en Europe, ont créé sur la vieille terre d'Israël quelque 300 villages qui appliquent les principes de la coopération et de la conservation des sols dans un milieu particulièrement difficile. (...) Ici, dans un coin du vaste Proche-Orient, un travail intense est en cours pour rétablir la fertilité de la terre au lieu de la condamner par la négligence à la continuation du processus de déclin et de destruction. » Il fut tellement impressionné qu'il revint en 1951 pour soutenir le nouvel Etat et il créa et dirigea pendant plusieurs années la faculté d'agronomie du Technion, l'Institut de Technologie. En 1950, sous la pression démographique des débuts de l'Etat d'Israël (population multipliée par 3 en moins de 10 ans), une politique productiviste fut mise en place, dommageable pour l'environnement du fait de la quête de l'eau. Les sionistes déployèrent des efforts considérables afin de n'utiliser qu'une fraction des ressources en eaux renouvelables, irriguant cette région semi aride dans le respect de la permanence des ressources et de

---

[18] Palestine, Land of Promise

l'environnement. De cette dépendance naquit la techno-logie israélienne d'irrigation au goutte-à-goutte utilisée aujourd'hui par des fermiers du monde entier.

La lutte contre la pollution urbaine commença dès 1934 : le maire de Tel-Aviv lança une campagne pour que les citadins cessent de polluer les rues. Il interdit d'y déver-ser des eaux usées, d'y jeter papiers, épluchures ou maté-riaux de construction. La lutte pour la propreté des rues continue, elle protège les hommes et les eaux de ruissel-lement. Les immigrants venus d'Allemagne dans les an-nées 1930, chassés par l'arrivée des nazis, firent cam-pagne pour une législation contre les nuisances pu-bliques, votée finalement en 1962.

Il n'y eut pas d'ONG écologique durant la période manda-taire, mais la création, en 1931, du magazine *Ha-Teva ve'ha-Aretz* (La nature et la terre) fut une étape car sa rédaction participa à la création, 20 ans plus tard, de la SPNI, devenue l'ONG la plus importante d'Israël avec plus de 100 000 membres. La SPNI initia le mouvement qui, dans les années 1980, alerta les responsables et le public sur les dangers d'une surconsommation des ressources en eaux. Dès les premiers numéros du magazine, l'emphase fut mise sur la préservation de la biodiversité, menacée par la chasse (interdite aux Juifs par le Talmud), les pratiques agricoles traditionnelles et la pression ur-baine.

Lutter contre la pollution des aquifères implique de tenir compte des conditions géologiques. L'aquifère côtier, principale source d'eau potable d'Israël et de Gaza, est à 30 mètres de profondeur, sous une couche sableuse non saturée. En moyenne, il faut un an pour qu'un polluant s'infiltre d'un mètre. La pollution actuelle de cette nappe provient de ce qui s'est passé en surface dans les années 1980. Israël a très tôt mis en place une politique de gestion des eaux usées. La qualité de l'eau de boisson suscite des inquiétudes pour la santé humaine partout dans le monde. Les risques viennent de teneurs minérales déséquilibrées, d'agents infectieux et de produits chimiques toxiques.

L'Organisation Mondiale de la Santé, OMS, recommande une gestion préventive de l'eau, des points d'extraction et de production à la distribution au consommateur. Les règlements de l'OMS sont en vigueur pour les 193 Etats membres, sauf si ceux-ci les refusent ou émettent des réserves. L'OMS a émis des directives pour des normes de qualité de l'eau. Elles servent de base aux règlements et normes, dans de nombreux pays[19].

En Europe, la Directive cadre sur l'eau n° 2000/60/CE a pour objectif de restaurer la qualité des eaux souterraines et de surface d'ici 2015. Elle impose aux États membres de réduire les rejets des substances les plus dangereuses pour l'environnement et la santé, et de mettre en œuvre des plans de gestion des bassins versants incluant des campagnes de mesures afin de tenir la

---

[19] OMS - Directives de qualité pour l'eau de boisson

Commission européenne informée de ses résultats. Cette directive impose le principe du « pollueur-payeur » dans la gestion des eaux : les responsables de dommages environnementaux doivent prendre en charge les coûts de réparation. Pour pallier la rareté de l'eau, la Directive recommande la mise en place de politiques de tarification efficaces, basées sur l'analyse économique des usages et du coût de production et distribution de l'eau. D'autres directives traitent de dépollution et d'assainissement.

Le Bassin partagé du Jourdain

Le mont Hermon surplombe le plateau du Golan. De là naissent trois rivières : le Hasbani, dont la source est au Liban, le Banyas, source sur le Golan, et le Dan, qui naît à l'intérieur des lignes de démarcation d'Israël d'avant 1967. Les trois se rejoignent en Israël pour former le Jourdain, qui se jette dans le lac de Tibériade. A sa sortie il est rejoint par le Yarmouk, dont la source est en Syrie et qui suit la frontière syro-jordanienne, puis la frontière israélo-jordanienne. La vallée du Jourdain continue jusqu'à la Mer Morte. Il constitue le seul fleuve relativement important dans cette région du Proche-Orient. Les trois affluents qui lui donnent naissance ont un débit d'eau combiné de 504 M m^3/an (Hasbani : 138, Banyas : 121 et Dan : 245). Avec les 150 M m^3/an de cours d'eau mineurs le Jourdain apporte au lac de Tibériade un débit annuel d'eau de 650 M m^3. En 1967, la prise de possession du Golan permit à Israël de contrôler le Banyas et les nappes et cours d'eau qui parcourent le plateau et lui

donnent son surnom de « château d'eau ». Le Golan fournit près du tiers de la consommation totale israélienne
soit plus de 250 M m³ d'eau.

Les pays et entités politiques riverains du Bassin du
Jourdain sont Israël, la Jordanie la Cisjordanie sous Autorité palestinienne, la Syrie et le Liban. Le Bassin, entre le
Mont Hermon et la Mer Morte, draine 18 300 km². Après
la jonction de ses trois affluents, le Jourdain subit une
dénivelée de 280 m pour se jeter dans le Lac de Tibériade. En aval le Jourdain reçoit du Yarmouk 450 M m³
par an. Selon les accords signés entre Israël et la Jordanie,
les eaux du Yarmouk sont entièrement à la disposition de
la Jordanie. Pour les exploiter, celle-ci a construit le Canal
de Ghor, longeant le Jourdain du sud du Lac de Tibériade
jusqu'à la Mer Morte. Au sortir du Lac, il suit une route
sinueuse de 100 km pour rejoindre la Mer Morte. La largeur de la vallée sur ce trajet ne dépasse jamais 6,4 km.
Le second affluent important après le Yarmouk est le
Zerka, dont tout le cours est en Jordanie. Il apporte 94 M
m³/an. Les pluies et eaux de ruissellement apportent leur
quote-part au Jourdain, mais la majeure partie est perdue
par évaporation.

Il n'y a pas que les rivières : les eaux souterraines sont le
deuxième élément du système hydrologique du Bassin.
Deux aquifères principaux, l'un côtier, l'autre central dit

de montagne[20] sont à cheval sur Israël et les territoires palestiniens.

L'Aquifère de montagne fournit environ 600 M m³ d'eau par an aux habitants de la région. Les entités qu'il dessert s'en disputent la répartition[21].

Les pluies des monts à l'est d'Israël s'infiltrent dans le sol pour alimenter l'Aquifère de montagne. Depuis le XIXe siècle, la vaste majorité des puits de pompage se trouvent dans les plaines au pied des montagnes, en territoire israélien d'avant 1967. Cet aquifère s'étend de la vallée de Jezréel au nord à celle de Beersheva au sud et du piémont des Monts de Judée à l'ouest au Jourdain à l'est.

Il comprend trois zones : le bassin Ouest, dit *Yarkon-Taninim*, (« *Yarkon-Crocodiles* » en Hébreu), le bassin nord-est et le bassin oriental. Ces bassins sont alimentés par les pluies sur les collines de Cisjordanie. L'eau s'écoule à 90% vers la côte méditerranéenne et dans la vallée de Jezréel, donc à l'intérieur des lignes d'armistice de 1949. Cette situation est comparable à celle d'un cours d'eau transfrontalier.

La carte ci-après montre la situation détaillée des aquifères[22]

---

[20] Un aquifère, ou nappe phréatique, est un réservoir souterrain d'eau exploité par des forages dans les couches du sol porteuses d'eau. En Israël il y a 2800 forages vers les eaux souterraines.

[21] Water Authority website http://www.water.gov.il/Pages/default.aspx

[22] Carte tirée de *L'eau et les politiques d'aménagement du territoire en Israël et la formation du territoire. Thèse en cours. D'après Daniel Benfredj*

Le bassin versant du Jourdain

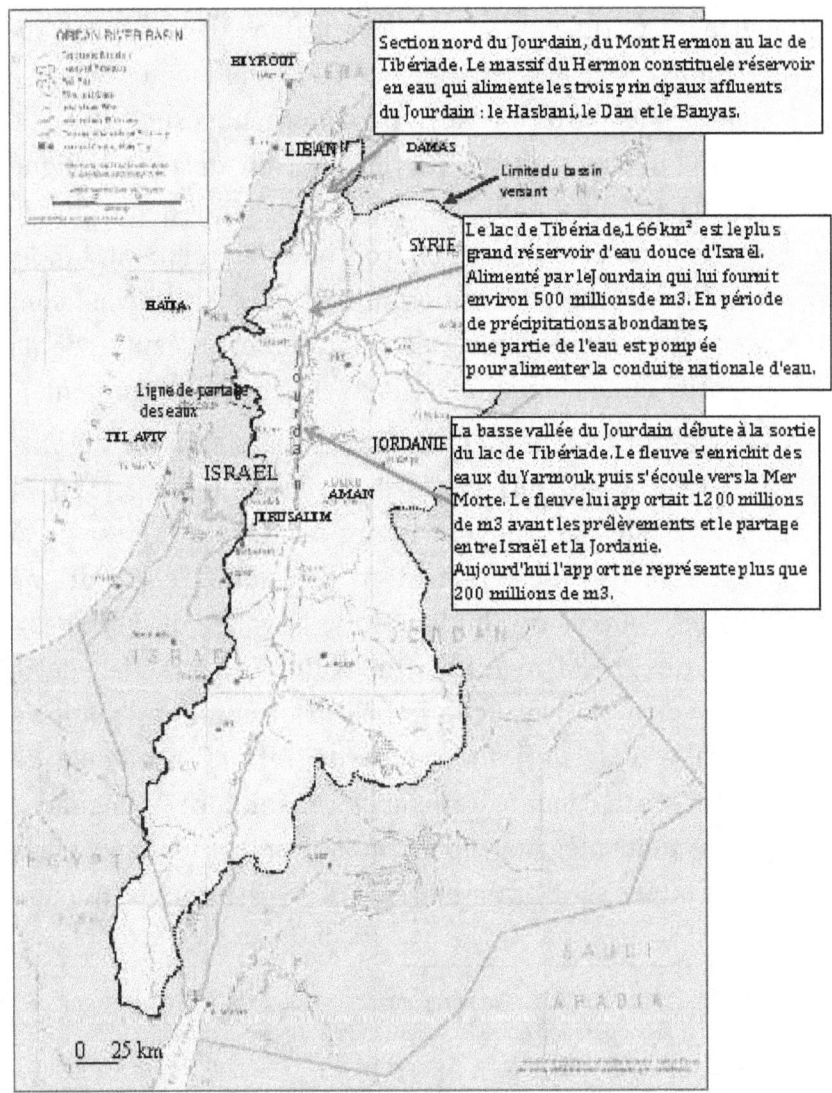

Section nord du Jourdain, du Mont Hermon au lac de Tibériade. Le massif du Hermon constitue le réservoir en eau qui alimente les trois principaux affluents du Jourdain : le Hasbani, le Dan et le Banyas.

Limite du bassin versant

Le lac de Tibériade, 166 km² est le plus grand réservoir d'eau douce d'Israël. Alimenté par le Jourdain qui lui fournit environ 500 millions de m3. En période de précipitations abondantes, une partie de l'eau est pompée pour alimenter la conduite nationale d'eau.

La basse vallée du Jourdain débute à la sortie du lac de Tibériade. Le fleuve s'enrichit des eaux du Yarmouk puis s'écoule vers la Mer Morte. Le fleuve lui apportait 1200 millions de m3 avant les prélèvements et le partage entre Israël et la Jordanie. Aujourd'hui l'apport ne représente plus que 200 millions de m3.

Daniel Banfredj @ 2009 thèse en cours : L'eau dans les politiques d'aménagement et dans la construction territoriale en Israël.

La polémique sur l'Aquifère de montagne[23] provient de ce que la plupart des pluies tombent à l'est de la « ligne verte »[24] et qu'elles se retrouvent dans des nappes souterraines pompées des deux côtés de celle-ci. La zone de collecte des eaux de surface couvre une superficie de 6 000 km², la majeure partie étant au delà de la ligne verte. Les Palestiniens affirment que ce qui détermine la propriété des eaux est l'endroit où elles tombent, tandis que les Israéliens considèrent que c'est là où elles sont pompées. L'importance de cet aquifère résulte de la quantité et de la qualité des eaux fraiches qu'il contient.

Le bassin occidental est drainé vers les sources du Yarkon (220 M m³/an) et de la rivière Taninim, (110 M m³/an). Elles se trouvent toutes les deux à l'Ouest de la « ligne verte ». Le bassin nord de l'aquifère est drainé vers les sources du Guilboa et de la vallée de Bet Shean (près de 110 M m³/an), situées du côté israélien de la ligne verte. En revanche le bassin oriental de l'aquifère ruisselle pour sa grande majorité vers l'Est, au-delà de cette ligne. La qualité de l'eau de cet aquifère est menacée par les puits illégaux et par la pollution par les eaux usées non traitées s'infiltrant dans le sol en Cisjordanie. Aucune

---

[23] Sources : Rapport Gvirtzman et rapport technique de la Knesset qui inclut des détails sur la coopération entre Israéliens et Palestiniens.

[24] C'est ainsi qu'on appelle la ligne de démarcation entre Israël et les territoires palestiniens occupés par la Jordanie de 1949 à 1967, parce qu'elle séparait des terres vertes à l'ouest, côté israélien, des terres ocres côté arabe à l'est.

eau non traitée n'est rejetée du côté israélien. On connaît le phénomène dans divers pays, dont la France, où certaines pratiques agricoles (lisiers des élevages de cochons en Bretagne par exemple, ou usages excessifs d'engrais) polluent les nappes phréatiques. La France a mis en place une infrastructure de gestion des bassins afin de pallier à ces problèmes, le modèle étant celui de la Seine. Ces agences de bassin gèrent les prélèvements dans les aquifères en fonction des données climatiques et des besoins, même si ce sont les municipalités qui exploitent les puits ou systèmes de collecte (soit en direct par une régie, soit par concession à des entreprises privées).

L'eau à Gaza : l'ONU dénonce sa mauvaise gestion

La Bande de Gaza est l'une des zones des plus densément peuplées au monde. Certaines statistiques font état de plus de 2000 habitants au km^2, mais les données démographiques exactes manquent. L'UNWRA (l'agence de l'ONU dédiée aux seuls réfugiés palestiniens) gonfle ces chiffres car ils conditionnent l'aide internationale, sa seule source de revenus. L'AP pourrait difficilement dire le contraire. La bande de Gaza est la région qui souffre le plus du manque d'eau. Son unique ressource provient des nappes souterraines dont le renouvellement dépend des pluies (comprises entre 200 et 400 mm/an) et on n'y trouve aucun cours d'eau permanent. La rivalité politique entre le Hamas et l'AP, et la loi qui donne aux propriétaires du sol le droit de pomper dans le sous-sol, rendent très difficile sa bonne gestion. L'eau y est de mauvaise qualité, contaminée de nombreuses manières.   Par exemple, en 2002, les résultats d'analyse des eaux de 71 puits municipaux et 21 puits privés, tous utilisés pour la consommation humaine, révèlent que 89% de ces eaux ne sont pas potables selon les critères de l'OMS, avec des teneurs critiques en chlorures, fluorures et nitrates et des concentrations élevées de métaux comme le plomb, le zinc, le cadmium et l'arsenic[25].

L'aquifère côtier commun à Israël et à la bande de Gaza dispose d'un apport annuel moyen de 500 M m³/an dont 10% se retrouvent « sous » la bande de Gaza. Comme le souligne le dernier rapport de l'ONU, la nappe sous Gaza est soumise depuis longtemps à des pompages excessifs. L'aquifère n'a pas le temps de se « recharger », ses eaux sont de plus en plus salées, par infiltrations d'eaux de la Méditerranée. Durant les pluies d'hiver, Gaza est approvisionnée par les oueds et par des forages dans la nappe phréatique. L'aquifère reçoit entre 50 et 70 M m³/an de pluies. Ce volume est insuffisant pour répondre à une demande qui atteint, selon le dernier rapport de l'ONU, 160 M m³/an et qui croît avec le surprenant boom économique qu'a connu Gaza ces dernières années. Ce déficit est une source de tension entre Israéliens et Palestiniens. Les seconds estiment que les premiers diminuent le potentiel de leur aquifère, d'une part en pompant l'eau par des puits qui seraient situés le long de la frontière avec

[25] Water Quality in the Gaza Strip: The Present Scenario, MM Abbas, Barbieri, Battistel, Brattini... - Journal of Water Resource and Protection, 2013, 5, 54-63

Gaza et d'autre part à cause du barrage sur le Wadi (oued) de Gaza, dont la source est en Israël. Mais si certains puits existent en effet, ils datent des années 1930 et 1940 et ils ne sont plus exploités car non reliés au système national d'adduction d'eau qui alimente villes et villages israéliens de la région. Les faibles volumes qui en sont extraits sont comptabilisés dans les accords israélo-palestiniens[26]. Et les besoins de Gaza sont complétés par des livraisons israéliennes. Un rapport de l'ONU d'août 2012 sur les besoins en eau dans la Bande de Gaza prévoit une pénurie en 2020. Il évalue que la population de 1,6 million de personnes va augmenter d'un tiers, d'où une croissance de la consommation de l'ordre de 60%. Selon l'ONU, les nappes phréatiques ne seront plus utilisables en 2016, en raison de leur pollution. Ces prévisions alarmantes viennent renforcer le rapport de 2010, qui désignait la pollution des nappes exploitées dans la bande de Gaza comme la cause principale de maladies respiratoires, cutanées, oculaires et intestinales, soit 26% des maladies constatées, en particulier celles d'origine virale et parasitaire. Les engrais agricoles s'infiltrent dans le sol avec l'irrigation et contaminent l'aquifère, entraînant un taux de nitrate très supérieur aux normes admises : 100 - 150 mg/l en moyenne, jusqu'à 500 mg/l dans certaines zones, alors que la norme internationale est de 50 mg/l au maximum. La contamination par les

---

[26] Voir ci-après, chapitres 4 et 5

nitrates présente un danger pour les nourrissons et les femmes enceintes. Elle est à l'origine du syndrome du « bébé bleu », très fréquent à Gaza. Le problème vient de l'absence, dans la plus grande partie du territoire, d'un réseau de collecte des eaux usées et d'usines de traitement qui permettraient leur récupération : 90 000 m^3/an d'eaux usées sont versées à la mer. En 2020 il sera encore possible de traiter l'eau en éliminant les germes pathogènes, mais le niveau de salinité sera tel qu'il deviendra indispensable d'effectuer un dessalement complet des eaux extraites de la nappe phréatique. Les fonds de l'ONU et des donateurs reçus pour traiter ces problèmes n'y sont pas affectés. Si les autorités locales blâment Israël de « ne pas fournir d'eau et assoiffer les populations », les listes de marchandises livrées à Gaza à partir d'Israël démontrent le contraire. La pénurie en eaux potables permet aussi un commerce profitable, dont bénéficient en priorité les dirigeants du Hamas[27]. L'UNICEF a décidé de régler le problème de la pénurie en finançant avec l'Union pour la Méditerranée 100% d'une usine de dessalement de l'eau de mer d'une capacité de 55 M m^3/an, pouvant doubler par la suite. Une station d'épuration et ses canalisations principales représentant un investissement de 450 M $, devait être financée pour moitié par des fonds arabes et pour moitié par l'UE. La levée de fonds devrait être finalisée en 2013 et les travaux s'ache-

---

[27] Voir les nombreux rapports de Ma'an, et des ONG humanitaires locales

ver en 2017. La France apporte son soutien à ce projet et le Japon a décidé de verser une subvention de 32 M $ pour les usines de dessalement de Khan Younes (Bande de Gaza) et de Jéricho (Cisjordanie).

Controverses sur l'eau entre Israël et la Cisjordanie

L'eau constitue entre Israël et la Cisjordanie un facteur majeur du développement et de conflit : elle est rare et précieuse et l'enjeu de tensions entre les populations qui se la partagent. Les médias européens dénoncent des différences de consommation d'eau entre Israël et la Judée Samarie (nom historique de la région appelée en anglais West Bank et en français Cisjordanie), ne voyant que les difficultés des habitants des Territoires et minimisant celles des Israéliens. Quelles sont les vraies disponibilités en eau de la région ?

Le bassin Ouest a une capacité renouvelable de 340-350 M m³/an. Il est exploité par environ 300 puits situés à l'ouest de la « ligne verte », représentant une capacité de pompage de 375 M m³/an, soit plus que la limite de renouvellement. Toute la capacité n'est plus exploitée depuis la construction des usines de dessalement de l'eau de mer en Israël. Le bassin nord-est, *Sichem-Guilboa*, va de Naplouse (*Sichem*), aux monts de Guilboa. Il dessert les vallées de Jezréel et de Bet Shean. Il a une capacité renouvelable de 130 M m³/an. Sur ce total, Israël en utilise 100 millions, prélevés dans des sources situées à l'intérieur des lignes de 1949, et 5 millions prélevés par des puits creusés en Cisjordanie pour les habitants des villages de la vallée du Jourdain. Les Palestiniens en utilisent 27 M m³/an, soit 20%. Contrairement aux deux autres, le bassin oriental se situe dans sa quasi-totalité en Cisjordanie. Partiellement saumâtre, il a une capacité renouvelable de 150 M m³/an. La grande sécheresse de 1988-91 l'avait appauvri, mais les pluies de 1991-92 l'ont renfloué. Israël en exploite entre 35 et 50 millions m³. En conclusion, sur les 630 M m³/an d'eau renouvelable de l'Aquifère de montagne, 413 sont puisés à l'intérieur des lignes de 1949, 110 sont utilisés par les Palestiniens, 60 sont puisés en Cisjordanie pour les implantations et les ressources non encore exploitées du bassin oriental sont de 60 M m³/an. Le potentiel hydrique non exploité que pourraient utiliser les Palestiniens dans l'ensemble de la Cisjordanie est au total de 100 à 150 M m³/an.

La loi internationale donne priorité à l'exploitation des sources non encore exploitées, avant tout partage d'eaux provenant de sources déjà en exploitation. Les eaux non exploitées dans la région Est coulent vers le Jourdain et la Mer Morte. Les Palestiniens creusent des puits pirates dans les bassins Ouest et Nord, au détriment d'Israël et surtout de l'environnement. D'autant que les Palestiniens n'ont rien fait pour développer les sources orientales. Depuis la signature des accords d'Oslo en 1993, selon Mekorot, plus de 250 puits non autorisés ont été creusés, la plupart dans le bassin nord. Les Palestiniens en extraient 10 M m³/an d'eau pas toujours de qualité potable.[28]   Les eaux usées non purifiées de manière adéquate représentent la principale source de pollution de l'Aquifère de montagne. Selon les données officielles, 27% des eaux usées de Cisjordanie sont produites par les Israéliens et 73% par les Palestiniens. Selon les mêmes données, les eaux usées des agglomérations israéliennes en Cisjordanie représentent 19 millions m^3/an : 85% sont traitées dans des usines dont une partie de la production est utilisée pour l'agriculture. Les 15% restant vont dans des fosses septiques. Le volume des eaux usées des agglomérations palestiniennes en Cisjordanie[29] est de 52 M m^3/an, dont 62,5% ne sont pas traitées du tout ou sont envoyées dans des fosses septiques et 32,7% vont dans des usines de traitement des eaux usées en Israël, le plus souvent après avoir été déversées dans des rivières. Le reste, soit 4,8%, est traité dans l'usine palestinienne de traitement des eaux usées opérationnelle d'El Bireh[30]. Quinze usines devaient être construites en Cisjordanie. Des problèmes économiques ou techniques on conduit à la fermeture de quatorze d'entre elles[31].

---

[28] Dr Gershon Baskin, Israel/Palestine Center for Research and Information

[29] Evaluation de la Direction nationale des eaux. N'incluent pas 15 millions d'eaux d'égouts qui s'écoulent directement dans la vallée du Cédron venant de Jérusalem et des villages palestiniens alentour.

[30] L'eau traitée par cette usine est déversée dans le Wadi Quelt.

[31] Département des réserves naturelles et des parcs, "Monitorage des cours d'eau en Cisjordanie 2006", par Ariel Cohen, Avi Zippori, Dina Fayman et Husam Dagesh, Bureau de Coordination pour les activités en Cisjordanie, 2011.

Il y a donc à Gaza et en Cisjordanie de bonnes perspectives d'investissements sur l'eau et l'environnement dans des projets publics sous contrôle des municipalités : il s'agit surtout du traitement des eaux usées et de l'élimination de déchets. Ces projets seront financés par des bailleurs de fonds internationaux, comme la Banque Mondiale ou l'AFD. Ces perspectives sont viables, vu le manque de ressources en eaux dans la région. L'enlèvement de déchets et le recyclage peuvent, eux aussi, devenir des industries rentables nécessitant des investissements importants et l'éducation du public[32]. De nouveaux projets voient le jour pour des forages de puits en Cisjordanie, le traitement des eaux usées et le dessalement d'eau de mer. Cela crée un marché intéressant pour les exportateurs de technologies vertes. Mais la gouvernance de ces projets pose problème. Le forage de puits et la construction de réservoirs en Cisjordanie visant à augmenter la disponibilité des eaux se heurtent à un problème politique. La pertinence de ces projets n'est pas remise en question. Leur simple existence est une confirmation implicite du bien fondé des affirmations israéliennes sur les ressources non exploitées en Cisjordanie[33]. Cela incite l'AP à refuser leur mise en œuvre, car elle doit rendre des comptes à la Ligue Arabe.

---

[32] Comme on le voit aujourd'hui en Colombie par exemple, avec des projets soutenus par ENDA Europe

[33] Exporter en Palestine, Brussels Export

L'AFD consacre 43% de ses aides dans les Territoires palestiniens aux projets hydriques (100 M € depuis 1998 pour des systèmes améliorant la situation de plus de 800 000 Palestiniens[34]), avec trois objectifs : préserver et optimiser des ressources en eaux, améliorer le service aux habitants et rendre les territoires plus autonomes. L'AFD[35] finance une station d'épuration dans le nord de la Bande de Gaza, à Beit Lahia (coût total de 12 M €, cofinancés par la Banque Mondiale, la BEI et la Coopération suédoise). L'AFD investira 10,6 M € pour l'adduction d'eau potable de 6 agglomérations de la région de Djénine, où elle équipera un puits et construira cinq réservoirs. Avec USAID et la Banque Mondiale, elle apporte 10,5 M € pour le projet de canalisation reliant un réservoir au nord de Hébron à la ville de Yatta, et un réservoir régional au sud. Elle apporte 10 M € à la WBWA, l'autorité de gestion de l'eau en Cisjordanie, pour des outils de gestion des réseaux d'eaux et pour l'adduction d'eau potable de divers villages autour de Jérusalem et dans la Bande de Gaza. Ces projets s'ajoutent aux 7 déjà terminés financés par l'AFD à hauteur de 67,7 M € de 1998 à 2008[36]. Un projet de l'AFD, inauguré en juin 2013, a permis d'améliorer l'accès à l'eau potable de 57 000 Palestiniens dans le nord de la Cisjordanie, incluant un nouveau puits et des compteurs d'eau prépayés installés

---

[34] France to update Westbank water supply network, WAFA News, 1-6-2013
[35] L'AFD et les Territoires palestiniens – publication AFD Jérusalem
[36] Le Secteur de l'eau dans les Territoires palestiniens, OMS

sur tous les points de connexion afin d'assurer le paie-
ment effectif de celle-ci. Coût total pour l'AFD : 9,5 M €.
Les aides de l'Union européenne aux Palestiniens illustrent le besoin d'actions concrètes pour la gestion de
l'eau. De 2005 à 2010, l'UE a investi plus de 116 M € dans
les programmes destinés à réhabiliter les infrastructures
palestiniennes. Rien qu'en 2011, elle a engagé 22 M €
dans l'assainissement de l'eau. Elle a aidé les cantons de
Tulkarem et de Djénine à hauteur de 1,3 M € et celui de
Hébron à hauteur de 1,6 M € pour des infrastructures
visant à améliorer l'approvisionnement en eau. Elle continue à cibler ce secteur. Selon l'UE, les « graves » pénuries d'eau de la Palestine sont accentuées par les effets de
l'occupation israélienne, oubliant que ladite occupation a
cessé à Gaza depuis l'été 2005. L'eau et son traitement
sont l'un des secteurs principaux de la coopération entre
Israéliens et Palestiniens, notamment via PEGASE, le programme européen pour la gestion durable des ressources
naturelles. Il regroupe les initiatives européo-israélo-
palestiniennes pour construire les infrastructures palestiniennes en vue d'une gestion durable des ressources
naturelles[37]. Concernant les eaux usées et leur assainissement, il importe de réduire la pollution de l'environnement et des aquifères et de préserver les ressources
naturelles afin de disposer de davantage d'eau douce
pour la consommation humaine. L'UE finance des projets

---

[37] Les sources des fonds ne sont pas les gouvernements mais des fondations
d'Europe, UK, Belgique, France, Allemagne, pays nordiques, et des US

de développement de stations d'épuration permettant la réutilisation d'eaux à des fins agricoles. Elle s'est engagée à financer à hauteur de 22 M €, de 2011 à 2015, une telle station dans la région de Tubas/Tayasir, pour recycler l'eau dans l'agriculture. L'UE investit dans l'assainissement collectif à Gaza, par un don de 6 M € au programme d'urgence de traitement des eaux usées. Face à la crise d'eau potable, l'Europe a engagé 10 M € pour une usine de dessalement à Gaza (projet UNICEF). D'autres investissements visent à la collecte et au traitement des déchets. Elle soutient encore un projet de coopération entre autorités de gestion de l'eau d'Israël, de Jordanie et des Territoires Palestiniens, afin d'assurer une meilleure coordination des politiques régionales[38].

---

[38] Improving water and solid waste management, projets Pegase de l'UE

2   Les consommations d'eau

La consommation par habitant est une donnée sensible, et mal cernée car les démographes ne s'accordent pas sur le chiffre réel des populations palestiniennes. Or, pour évaluer objectivement la situation, la précision s'impose. C'est ce que à quoi j'ai visé dans cet ouvrage.

Les responsables palestiniens, depuis les débuts d'Israël en 1948, mais surtout depuis 1967, gonflent les chiffres[39]. Les biais sur les chiffres de « réfugiés » publiés par l'UNWRA, agence de l'ONU dédiée aux seuls « réfugiés palestiniens », sont repris par l'AP, ce qui les pousse à prendre une attitude victimaire[40]. Ils affirment donc être privés d'eau potable. Cela rend ardue la tâche des chercheurs voulant avoir une image aussi proche de la réalité que possible, et très difficile celle des planificateurs des compagnies des eaux de prévoir les évolutions. Les chiffres officiels sont démentis par des études démographiques indépendantes.

Les évaluations retenues ici proviennent des données paraissant les plus fiables : les évaluations officielles pu-

---

[39] A l'issue de la Guerre des Six Jours en juin 1967, Israël a proposé, à la tribune de l'ONU, de rendre les territoires qu'il avait conquis en échange de la paix. La Ligue Arabe, réunie à Khartoum, répondit par « les trois NON » : non à la paix, non à la négociation, non à la reconnaissance d'Israël. Elle décida aussi de lancer une campagne de délégitimation d'Israël et choisit l'eau comme un des thèmes principaux de propagande.

[40] Daniel Reisner, responsable juridique des négociations israélo-palestinienne sur l'eau, a réussi à faire admettre les chiffres de consommation réels pour faire accepter l'accord, mais ces chiffres ne furent jamais reconnus en public.

bliées par l'ONU et la CIA. Elles incluent les livraisons effectuées par Mekorot à son homologue palestinien et les prélèvements sur les aquifères, tels que définis dans les accords entre Israël et l'AP. Elles ne prennent pas en compte les notions « d'eau virtuelle » ou « d'empreinte-eau » définies par le WWF, instruments pour évaluer la durabilité des ressources en eaux et des systèmes de collecte, distribution et assainissement. Par exemple, un kilo de viande de bœuf représente une dépense d'eau de 15 400 litres d'eau (pour sa production, sa distribution et sa consommation), celle d'un kilo de pain 1600 litres d'eau[41]. En cumulant les consommations moyennes, l'empreinte d'eau d'un Français est de 1786 m³ d'eau par an[42], celle d'un Palestinien est de 1116 m³ d'eau par an[43], celle d'un Israélien de 1391 m³ d'eau par an[44]. Mais cette « empreinte » inclut, sans que l'on puisse les mesurer, les pertes dans des moyens de distribution défectueux[45]. Nous payons en fait, non pas le prix de l'eau que nous consommons, mais le coût de son système de distribution et de production. C'est là que le bât blesse dans les territoires gouvernés par l'AP ou le Hamas.

---

[41] Water Footprint Network, http://www.empreinte-de-l-eau.org
[42] Source OCDE
[43] Dima W. Nazer et al, Paper n° JAWRA-07-0019-P, Journal of the American Water Resources Association, vol.44 – n°2, avril 2008
[44] QIN Li-Jie et al, University of Changchun, 2008, dans CNKI.com.cn
[45] Analyse d'Emmanuel Poilane, Directeur de la Fondation Danielle Mitterrand France Libertés, UNESCO, 27 juin 2011

Le secteur de l'eau en Israël - La demande globale[46]

En début 2000, les besoins totaux d'Israël se situaient à 2050 M m³/an d'eau soit 305 m³/an/habitant, dont près de la moitié pour les besoins agricoles. Entre 2000 et 2009, malgré la forte croissance économique, la demande globale en Israël a baissé à 2000 M m³/an pour une population accrue de près de 10%, soit 270 m³/an/habitant. Cette baisse de la consommation est le résultat d'une politique méthodique d'économie durant cette période. La stratégie nationale d'Israël définit cinq classes d'usage de l'eau (besoins des ménages, agriculture, irrigation essentiellement, industrie, écosystèmes naturels dont surtout la réhabilitation des rivières, agrément, surtout parcs et jardins, publics et privés), entrainant des choix politiques pour assurer l'équilibre entre ces besoins parfois contradictoires. Historiquement, le domaine agricole avait été privilégié et les écosystèmes ignorés, mais Israël représente un cas original où préserver les droits des écosystèmes est devenu objectif national suite à l'action continue depuis les années 1950 de la SPNI. Elle a passé des accords avec la Défense et l'Education nationale afin de former à la protection de l'environnement les officiers (ce sujet fait partie de leur cursus obligatoire) et les élèves de toutes les écoles du pays.

---

[46] Sources Mekorot et Ezra Banoun

Historique

En Israël, l'eau est un facteur culturel majeur. L'objectif du mouvement d'émancipation nationale juive, sioniste, était de restaurer le peuple juif sur sa terre. Cela passait par la transformation des sociétés juives européennes, majoritairement citadines, en une société agricole. Le fermier juif était devenu le nouvel idéal. Il fallait faire reverdir le désert. Pour cela, l'eau se trouva au centre de l'idéologie et les considérations hydrologiques au centre de la politique économique, diplomatique et de sécurité. Dès que l'indépendance les libéra des contraintes imposées par les Anglais, les dirigeants israéliens se concentrèrent sur l'eau. David Ben Gourion, le premier Premier ministre, et Pinhas Sapir, son tout puissant ministre des finances, accordèrent à la Compagnie nationale Mekorot le monopole du développement des ressources et de la distribution. La véritable passion pour l'eau fut un credo national, parfois aux dépens de la réalité économique. Ainsi, le consensus national permit de subventionner l'usage agricole de l'eau pendant 40 ans d'une manière qui devint abusive. Le succès des premières décennies rendit très difficile sa remise en cause. Le premier acte d'Israël pour gérer ses ressources en eau avait été la construction de l'Aqueduc national, ouvert en 1964. Il capte des eaux du Jourdain en amont du Lac de Tibériade et les apporte du nord plus humide au sud aride d'Israël. L'eau est pompée de -213 à +150 mètres d'altitude, puis passe dans 200 km de canaux à ciel ouvert, de tunnels et de canalisations. Prévu pour transporter 320 M m³ d'eau par an, il en transporta de 420 à 450 dans les années 1980. C'est un système vital de gestion des eaux en Israël. Dès les origines, la rareté de l'eau a imposé un modèle de gestion et un réseau d'adduction national avec contrôle centralisé[47]. Ce modèle est aujourd'hui montré en exemple, notamment dans le rapport de l'OCDE-FAO sur l'agriculture sur la période 2012-2021. Israël a rapidement généralisé l'usage de l'irrigation goutte-à-goutte inventé là. Il est devenu leader mondial des systèmes d'irrigation goutte-à-goutte contrôlés et du recyclage de l'eau (en 2012, le pays a recyclé 80% de ses eaux usées).

Il a fallu 50 ans de travail de sensibilisation sur le développement durable pour faire accepter l'objectif national de rendre une part significative des ressources en eau à la nature. Auparavant presque toutes étaient prélevées pour usage humain. On peut mesurer la difficulté de faire comprendre cette nécessité : jusqu'à la fin des années 1990, aucune mention de cet usage naturel dans les statistiques nationales ! Aujourd'hui, on cherche à faire des « éco-citoyens dès la maternelle en Israël[48] ».

Le souci de préservation des écosystèmes s'est répandu fortement chez les Palestiniens en raison des relations entre la SPNI et les ONG palestiniennes, à qui elle fournit toute la documentation et les livres scolaires en arabe,

---

[47] OECD-FAO Agricultural Outlook 2013-2022
[48] Danièle Perruchon, Organisation Mondiale pour l'Education Préscolaire, UNESCO 27 juin 2011

développés pour les Arabes israéliens. Sous l'impulsion du roi, ce souci est fort aussi en Jordanie.

Consommation par type d'usage

En 1993, la consommation en eau du secteur agricole avait dépassé 1 milliard m³/an, et atteint 1,2 en 1995. Depuis, jusqu'en 2012, la politique d'économies a permis de la réduire de 21,5% sans faire baisser le revenu agricole. L'agriculture a trois ressources en eaux : potable, recyclées et saumâtres. La consommation en eau potable du secteur agricole a été réduite de moitié sur les 5 dernières années et celle d'eau recyclée a augmenté de 40% pendant la même période. Au final, le résultat est une réduction de la consommation agricole globale et une productivité inversement proportionnelle au volume d'eau consommé[49].

Eau disponible en Israël (M m³/an)	2006	2000
Eau fraiche	1500	1573
Eau recyclée et eaux de ruissellement	400	290
Eau saumâtre	170	30
Eau de mer dessalée	100	0
TOTAL	**2170**	**1893**

La consommation des ménages a été réduite de 744 à 669 M m³ de 2007 à 2009. Cette réduction résulte de 2 mesures : la modernisation des infrastructures de transport pour éviter les fuites et la hausse du prix permettant

---

[49] Source OCDE - MARD, 2009.

de financer ces investissements et encourageant les consommateurs à chercher des économies. La consommation
du secteur industriel, pourtant en pleine croissance, est
restée stable grâce à la politique d'économies. En parallèle, le pays s'est doté d'infrastructures importantes pour
le dessalement d'eaux de mer : 6 usines produisent 600
M m^3/an, couvrant 90% des besoins des ménages.

La répartition de l'eau disponible entre les divers usages
va évoluer comme suit[50] :

en m^3	**2007**	**2020**
Secteur agricole	1 milliard	1,2 milliard
Secteur industriel	150 millions	190 millions
Usage domestique	750 millions	1,1 milliard

Politique de l'eau

Grâce à la politique lancée en 2000, l'approvisionnement
en eau a cessé dès 2013 de dépendre des affluents du
Jourdain, de la sècheresse chronique qui afflige cycli-
quement la région depuis les temps bibliques ou du
changement climatique.

La crise causée par la sécheresse de 2008 a été un tour-
nant pour l'opinion publique israélienne. Le 20 juillet,
sous l'effet d'une des pires sécheresses que la région ait
connue, le niveau d'eau du lac de Tibériade était descendu à 213,65 mètres sous le niveau général des mers et ses
rives avaient reculé de plusieurs centaines de mètres de-

---

[50] Source SPNI

puis le niveau hivernal des années précédentes. Vu le temps qui restait jusqu'à la prochaine saison des pluies, le niveau baisserait encore et atteindrait en décembre la « ligne noire », en deçà de laquelle il est interdit d'effectuer le moindre prélèvement dans le lac. Les Israéliens sont habitués à observer le niveau du lac. Ils sont conscients des notions de « ligne rouge » et « ligne noire », dont ils connaissent les conséquences en termes de restrictions d'usage de l'eau. Le déficit annuel moyen entre apport des pluies et prélèvements pour la consommation était cette année-là de 100 M m^3. De nombreux puits de la région côtière s'étaient fortement salinisés, d'autres montraient des niveaux de chlorures anormalement élevés. Toutes les études concluaient que la crise allait s'accentuer. Cela permit au gouvernement de faire passer son plan à long terme pour résoudre la crise de l'eau. La sécheresse permit un consensus sur des objectifs extrêmement ambitieux pour le long terme, dépassant même ce dont rêvaient les ONG écologiques.

Selon le responsable du plan stratégique de la Direction de l'Eau du ministère des infrastructures d'Israël, Miki Zaide, la crise de l'eau de 2008 a permis de comprendre la nécessité d'un schéma directeur national définissant une politique de l'eau, les changements institutionnels et les innovations technologiques nécessaires pour éviter les crises à l'avenir. L'un des objectifs était une gestion bien plus efficace du secteur de l'eau, dans une perspective de long terme et de durabilité (gouvernance). Ce plan stratégique prend en compte les incertitudes climatiques et l'aggravation de la pénurie d'eau, tout en maintenant l'objectif de remplir l'ensemble des besoins en eau de la population dans tous les secteurs. Pour le réaliser, le développement de technologies de production et de traitement innovantes et la mise en place d'outils de gestion avancés ont été nécessaires. En juillet 2011, la Direction de l'Eau d'Israël a publié la première mouture du Plan stratégique pour l'eau. Il a été suivi d'un plan de mise en œuvre définissant la vision, les objectifs et les indicateurs clé pour le secteur jusqu'en 2050, afin d'assurer au long terme la durabilité de la gestion de l'eau.

Cette démarche était semblable à celle de la DG Environnement de la Commission Européenne, qui a donné lieu à un document d'objectifs publié lors de la *Green Week* 2012 consacrée à l'eau[51]. Ses conclusions sont que « l'eau étant une ressource renouvelable, il faut la protéger. L'eau utilisée n'est pas rejetée là où elle a été prélevée, ce qui engendre des déséquilibres locaux structurels. » Des solutions techniques existent, permettant de compenser ces déséquilibres et de rendre durable la production d'eau. Cela passe par un recours systématique à des sources alternatives, en particulier le recyclage des eaux usées après traitement. Rendre l'eau durable c'est également inventer un nouveau modèle économique pour les services des eaux, qui permette de diminuer les prélève-

---

[51] Fondation Robert Schuman – Question d'Europe n° 242 – 4 juin 2012 – Antoine Frérot PDG Veolia Environnement

ments sur les ressources naturelles, tout en assurant la continuité du service pour tous les types d'usagers. L'accès à l'eau doit rester un droit effectif pour tous. C'est ce qu'affirment les « objectifs du millénaire » fixés par l'ONU pour diviser par deux, d'ici à 2015, la proportion de la population mondiale sans accès à l'eau potable et à l'assainissement. La directive cadre sur l'eau de la Commission Européenne[52] (CE) vise à « rendre la production durable », à restaurer la biodiversité et à assurer un bon état chimique des eaux. Elle prévoit d'instaurer le droit à l'eau et à l'assainissement pour en faire un droit effectif pour tous dans l'UE (comme cela se fait en Israël) alors que la crise économique mondiale, plongeant des millions de personnes dans la précarité, risque de les priver de ces services essentiels. Elle prévoit d'étendre ce droit dans les pays en développement.

Les Etats membres affichent des ambitions très disparates à l'horizon 2015. Pour plusieurs d'entre eux, moins de 50% des masses d'eau devront être en bon état. L'UE a donc lancé des procédures d'infraction à l'égard des Etats qui ne respecteront pas sa directive cadre. Elle réfléchit à la façon de faire évoluer la législation pour mieux guider tous les pays, notamment dans la gestion quantitative des ressources en eaux. C'est l'objet central de la consultation qu'elle vient de lancer dans son « Schéma directeur sur la

---

[52] Directive 2000/60/CE du Parlement européen et du Conseil du 23 octobre 2000 établissant la DCE pour une politique communautaire de l'eau.

sauvegarde des ressources en eaux en Europe[53] ». Selon l'UE et Israël, la protection des ressources existantes doit se faire au niveau des bassins versants, ce qui implique des débats politiques avec les citoyens et les municipalités dans ces bassins, pour définir les priorités en tenant compte des budgets à engager, selon la même démarche mise en œuvre en Israël. Cela remet en cause jusqu'à la Politique agricole commune (PAC), qui doit financer les changements de cultures.

La quantité d'eau sur Terre ne diminue pas. L'eau est une ressource qui se renouvelle rapidement, à la différence, par exemple, des hydrocarbures, qui mettent des millénaires à se reconstituer. Mais il existe des déséquilibres locaux, préjudiciables à l'environnement, à la biodiversité des écosystèmes et à la couverture des besoins humains. C'est surtout le cas des zones à forte urbanisation qui se trouvent, souvent, sur le littoral, comme les pourtours de la mer Baltique ou de la Méditerranée. La correction des déséquilibres entre ressources et demande en eaux passe par une diminution des fuites sur les réseaux publics (qui atteignent parfois des niveaux insupportables), le passage d'une politique de l'offre à une politique de gestion de la demande et le recours aux ressources alternatives. Même l'Europe, apparemment si riche en eau, reconnaît, depuis 2010, la nécessité d'utiliser les technologies et les méthodes mises au point en Israël depuis les années

[53] A 'Blueprint to Safeguard Europe's Water Resources Consultation Document', Commission Européenne, Directorat-Général Environnement

1960. La pénurie aura été pour Israël une contrainte transformée en opportunité, qui l'aura obligé à décupler sa créativité. Selon le Président de Veolia Environnement, « l'eau de mer, ressource alternative en quantité Illimitée, est la ressource la plus abondante de la planète. Or, à l'échelle mondiale, une part infime de l'eau potable est produite par dessalement d'eau de mer, à savoir moins de 2%. Or, 40% de la population réside à moins de 70 km d'un littoral ! Le nombre d'usines de dessalement ne cesse d'augmenter : 16 000 ont été construites. Veolia est leader mondial en termes de capacité de dessalement installée. La plus grande usine en service utilisant l'osmose inverse, est à Ashkelon, en Israël. Sa production annuelle couvre les besoins de 1,4 million d'habitants. Même si le dessalement par cette méthode revient plus cher que de « *potabiliser* » l'eau douce, il constitue une solution économiquement abordable, grâce aux progrès réalisés sur l'efficacité énergétique, aux économies d'échelle et à la baisse continue du prix des membranes (divisé par 2 en 10 ans). »

En Israël, gestion et développement durable des sources d'eaux sont soumis à une gouvernance professionnelle transparente, dans l'équité, au bénéfice de la santé publique et des consommateurs dans tous les secteurs. Les sources naturelles réhabilitées seront protégées à l'avenir. Le réseau national d'adduction d'eau israélien servira de centre global de démonstration et de test pour les professions, les technologies, les innovations et les moyens de gestion de l'eau en zone de pénurie. Un des objectifs prioritaires du plan stratégique est de compléter les ressources en eau potable naturelle par des eaux saumâtres et de mer dessalées, et par des eaux usées recyclées. D'ici 2020, la moitié de l'eau potable proviendra de ressources alternatives. La consommation d'eau par habitant sera maintenue au niveau actuel et les livraisons d'eau de mer dessalée au réseau national passeront de 280 en 2010 à 750 M m³ en 2020. Les eaux usées recyclées pour l'irrigation passeront de 400 à 900 M m³/an de 2010 à 2050, en diminuant les volumes d'eau potable livrés pour cet usage. L'objectif est d'amener toutes les installations de traitement des eaux usées du niveau 2 (eaux rejetables dans la nature) au niveau 3 (recyclables) et d'augmenter les allocations d'eau à la nature, aux paysages et à la réhabilitation de toutes les rivières du pays. Grâce aux investissements massifs dans les installations de recyclage des eaux usées et de dessalement des eaux de mer, Israël peut enfin redonner au Jourdain une part bien plus importante de ses sources. Selon le plan de juin 2012, 150 M m³ d'eau par an lui seront rendus. Ainsi, la plupart des dommages causés au fleuve pourront être réparés en 10 ans. Tout rejet d'eaux polluées sera interdit. Cette interdiction devrait être acceptée par le voisin jordanien, car elle permettra un fort développement du tourisme sur les deux rives[54]. Le gouvernement israélien

---

[54] Malheureusement les déclarations du Président de l'AP au printemps 2013 laissent à penser que les Palestiniens ne respecteront pas cette interdiction

a alloué des dizaines de M € au nettoyage du cours du Jourdain. Une usine de traitement en construction au sud du lac de Tibériade collectera les eaux usées de toutes les agglomérations de la vallée du Jourdain et les eaux de ruissellement en zone agricole.

Dans les années 1950, la ressource en eau était surtout localisée au nord et la demande croissait au centre et au sud d'Israël. Les autorités israéliennes, pour résoudre la pénurie, ont mis en œuvre un double programme : d'une part, modernisation de l'irrigation, d'autre part recherche de nouvelles ressources. Les pilotes de dessalement des années 1980 ont porté sur les eaux saumâtres, puis sur les eaux de mer. Les fortes sécheresses de 1998-99 ont fait prendre conscience de l'importance stratégique du dessalement pour sécuriser une ressource de qualité, pour tous les usages. Dans les années 1970, il a fallu trouver un équilibre entre la demande croissante des ménages et les besoins de l'irrigation. Une épidémie de choléra, causée par la consommation de légumes irrigués par des eaux usées brutes, a conduit à élaborer des programmes d'assainissement combinant traitement et réutilisation, comme les projets de Shafdan[55] (traitement par boue activée avant infiltration des eaux dans l'aquifère) et du Kishon. Il a aussi fallu adapter la législation. Dans les années 1990, les exigences de qualité se sont durcies

---

[55] Shafdan est la plus avancée des usines de traitement des eaux usées en Israël. Située près de Rishon- Le-Zion au sud de Tel-Aviv elle produit 350 000 m³ d'eau recyclable par jour.

et la perception du recyclage a évolué avec la crise du coton et la modernisation de l'irrigation. L'agriculture, réorientée vers des productions à haute valeur ajoutée, est devenue plus exigeante en termes de qualité. D'autant que les restrictions d'irrigation résultant d'épisodes de sécheresse ont fait évoluer les mentalités des agriculteurs (qui voient la possibilité de sécuriser leurs eaux par le recyclage). Les citadins mieux formés refusent l'irrigation par des eaux usées brutes. Enfin, la forte augmentation de la demande du fait des flux migratoires massifs venus de l'ex-URSS dès la fin des années 1980, a contraint les autorités à généraliser l'assainissement. Les acteurs (ministères des infrastructures, de la santé et de l'environnement, ONG, Mekorot, autorités régionales et locales, entreprises) ont élaboré des stratégies intégrant les dimensions techniques, sociales, réglementaires et de nouvelles normes, faisant d'Israël un des leaders mondiaux du recyclage des eaux usées[56].

Evolution des ressources en eau 1995-2025

Vu la pression démographique croissante au Proche-Orient, seuls des moyens technologiques permettent de résoudre le problème de la forte pénurie : la sécheresse se développe, les ressources naturelles diminuent et le fort développement économique de l'ensemble Israël-Territoires palestiniens, entraîne une demande accrue d'eau potable. En 1990, il y avait en Israël 4,6 millions

---

[56] Office International de l'Eau, Rapport 2012 sur « La réutilisation des eaux usées traitées en Méditerranée ».

habitants, qui consommaient 2100 M m³/an d'eau dont presque un tiers, 600, provenaient du Jourdain[57]. Israël consommait 150 M m³ de plus que ses sources naturelles ne pouvaient en produire[58]. Pour satisfaire la demande, le gouvernement israélien autorisa des sur-pompages de certains aquifères[59], d'où les risques de pollution et d'augmentation de salinité de l'aquifère[60]. Ceci fut forte-ment dénoncé par la SPNI, qui proposait des solutions pour augmenter les ressources : recyclage, dessalement de l'eau de mer et économies. La population continue à croitre à un rythme élevé, 1,4% par an. En parallèle, Israël doit réduire sa part des eaux du bassin du Jourdain, selon les termes du Traité de Paix signé avec la Jordanie en 1994. Bien que le niveau de vie soit en croissance forte pour toutes les couches de la population israélienne, la consommation d'eau par habitant a diminué significati-vement durant les trois dernières décennies.

Le volume moyen d'eau fraiche renouvelable disponible sur la période 1993–2009 entre Jourdain et Méditerra-née, sans la bande de Gaza, a été de 1433 M m³/an et ce-lui d'eaux saumâtres de 197 M m³/an. En 2010, le volume

[57] "La question de l'eau entre Israël et les Palestiniens", mars 2009, Direction de l'Eau, (en hébreu). Voir paragraphe 12 de l'Annexe de l'Accord Oslo 2.
[58] Dr. Gershon Baskin, Co-ECO Israël/Palestine Centre de Recherche et d'Information et Gidon Bromberg, Directeur de "Friends of Earth - Middle East" branche israélienne, réunion du 30 Janvier 2011
[59] Banque Mondiale, évaluation des restrictions au développement du secteur de l'eau palestinien, avril 2009.
[60] Baruch Nagar, DG de l'Administration des Eaux et Egouts en Cisjordanie au sein de la Direction de l'Eau, réunion du 30 Janvier 2011.

renouvelable d'eau fraiche disponible par habitant était de 150 m^3/an en Israël (1170 M m^3 divisés par 7,8 millions de résidents) et de 124 m^3 pour les Palestiniens (248 M m^3 divisés par 2 millions de résidents). Le volume d'eau alloué aux Palestiniens en Cisjordanie selon l'Accord sur l'eau est de 196 M m^3. En plus, Israël leur en a fourni 52 M m^3 en 2012, soit 10% de plus qu'en 2008, qui avait été une année de forte sécheresse[61]. Les Palestiniens produisent aussi environ 17 M m^3 d'eau fraiche à partir du bassin occidental et du bassin Nord de l'Aquifère de montagne, non inclus dans ces chiffres. L'extrême sécheresse de 2008 a entraîné une baisse de l'eau disponible en 2009 et les années suivantes[62].

	1967	2006	2009
Israël, m^3/habitant/an	508	170	137
Total en M de m^3	1411	1211	1040
Population en millions	2,8	7,1	7,6
Terr. Palest. m^3/h/an	86	100	95
Total en M de m^3	65	180	185
Population en millions	0,7	1,8	1,95

On voit que les fournitures annuelles en eau aux Palestiniens sont passées de 65 à 180 M m^3 puis 185, que la population a plus que doublé et la consommation de chaque habitant a augmenté de près de 40%.

---

[61] The Water Authority, La question de l'eau entre Israël et les Palestiniens, mars 2009 (en hébreu), et Source SPNI

[62] Israel Goes "from Red Line to Black" as The Water Crisis Worsens, KKL

De 1967 à 2009, la consommation totale par habitant à partir de sources naturelles a diminué de 73% pour les Israéliens[63], passant de 504 à 137 m³/an. Sur la même période celle des Palestiniens a crû de 10%, passant de 86 à 95 m³/an. D'une part, les Israéliens ont utilisé d'autres sources (dessalement, recyclage des eaux usées) et d'autre part, les installations de pompage des Palestiniens ont été considérablement améliorées. Les projets en cours réduiront encore la différence à l'avenir, passant à 150 m³ par Israélien et à 140 m³ par Palestinien malgré la croissance de la population. Ces chiffres montrent qu'à partir d'une situation très inégale lors de l'arrivée des Israéliens en Cisjordanie et à Gaza (juin 1967), l'évolution vers l'égalité des consommations est en marche.   En 1967, moins de 10% des ménages palestiniens étaient connectés à un réseau d'adduction d'eau. En 2012, ils étaient plus de 95%. L'aide européenne se concentre surtout dans ce domaine.

Les Palestiniens disposent par an, pour les besoins des ménages, de 82 M m³, soit 58 m³/habitant. Le mauvais état des tuyauteries cause la perte de 33%, la quantité effectivement reçue est de 39 m³/habitant. Malgré ce gaspillage, elle est donc supérieure au minimum fixé par l'OMS, qui est de 36,5 m³/an/habitant (soit 100 litres par jour). Les Israéliens reçoivent 84 m³/habitant/an et les pertes dans leurs réseaux se montent à 11%. En 2006, les

---

[63] Calculs basés sur le nombre d'habitants dans la zone. Voir le détail de ces données et de leurs évolutions historiques dans le chapitre 5.

besoins des Palestiniens se montaient à 180 M m³/an dont 82 pour les besoins domestiques et 96 pour l'agriculture. Pour l'usage domestique, 42 M m³ sont fournis par des installations palestiniennes et 40 M m³ par des installations israéliennes. Sur les 96 M m³ pour l'agriculture, 90 sont fournis par des installations palestiniennes et le reste vient d'installations israéliennes. Ces chiffres ne tiennent pas compte des puits « pirates » ni des raccordements illicites. Les stations de pompage sont réparties en quatre catégories : les stations israéliennes pour les besoins des ménages (6 stations à l'ouest de la ligne verte, gérées par Mekorot, alimentent les villages israéliens et palestiniens voisins), les stations palestiniennes pour les besoins des ménages, gérées par l'AP, les stations israéliennes pour l'agriculture (dans la vallée du Jourdain, des puits gérés par Mekorot, alimentent aussi l'agriculture palestinienne), les stations palestiniennes pour l'agriculture non raccordées à un réseau de distribution, ni à des piscines de stockage. Les investissements n'ayant pas été faits, le réseau israélien fournit le déficit en eau domestique.

Comparaisons régionales [64]

En 2008, l'eau provenant de sources naturelles en litre/ habitant était de : au Liban 949, en Syrie 866, en Egypte

[64] Sources: (1) Aquastat 2008 - EMWIS-SEMIDE – Banque Mondiale ; (2) Aquastat 2008, Syrie CBS, 2008 ; (3) Aquastat 2007; ESCWA (4) Aquastat 2008 - ESCWA - M.O.I. W.B. ; (5) Israel Water Authority ; (6) 49 millions de m³ fournis par Israël aux Palestiniens en plus de ce qui était alloué dans l'accord.

732, en Jordanie 172, en Israël 160 et dans les Territoires Palestiniens 129. Tous les pays entourant Israël ont des consommations per capita supérieures à celui-ci.

La **Jordanie** fait face aux mêmes problèmes de pénurie qu'Israël. C'est un pays aride. Seuls 6% des terres reçoivent naturellement assez d'eau pour un usage agricole.

Déficit en eau du Royaume de Jordanie 1990-2005 (millions m³)[65]				
	1990	1995	2000	2005
Demande en eau	740	890	1,045	1,200
Eau disponible	730	862	862	862
Déficit annuel	10	28	284	338

En répondant aux besoins de sa population de 4,1 millions d'habitants, elle fait aussi face à un déficit (la demande dépasse les ressources disponibles).

Par exemple, en 1995, elle a consommé 890 M m³ d'eau, alors que ses ressources naturelles n'étaient que de 862 M m³. Vu ce déficit, elle doit, soit faire courir de gros risques à l'environnement, soit importer de l'eau. La principale source d'eau fraiche de la Jordanie est le Yarmouk, le plus important affluent du Jourdain. Il apportait à la Jordanie 200 M m³ en année normale. En cas de sécheresse, l'apport peut n'atteindre que la moitié de la demande, comme en 1990. Israël a amélioré la situation en acceptant dans le Traité de paix israélo-jordanien de

[65]Water Authority of Jordan - "WAJ"

1994, de céder toutes les eaux du Yarmouk et 50 M m³/an de ses propres ressources.

L'accord prévoit des échanges, selon la saison, pour une meilleure gestion des réservoirs des deux côtés de la frontière. La Jordanie, pour gérer ses ressources, a commencé à construire le Canal de Ghor, dans le cadre du Projet du grand Yarmouk. Le Projet n'a jamais été réalisé en totalité à cause de la situation géopolitique : la Syrie s'y oppose et a même tenté de détourner les eaux du Yarmouk. Elle en a été empêchée par une action militaire israélienne. Le Canal suit la rive orientale du Jourdain sur 110 km. Il irrigue 17 200 hectares. En 1987, toutes les installations hydriques de Jordanie ont été placées sous l'autorité du Ministre de l'eau et de l'irrigation. Il préside la Direction de la Vallée du Jourdain (*Jordan Valley Authority*, JVA) pour l'irrigation, et la Direction de l'Eau (*Water Authority of Jordan*, WAJ) qui gère les eaux souterraines et les usages municipaux.

La BEI (Banque européenne d'investissement) est partenaire de la Jordanie pour des projets destinés à améliorer la situation de l'eau dans le pays. Elle finance l'aqueduc de 325 km, construit entre l'aquifère du désert de Dissi et Amman, pour acheminer, dès 2013, 100 M m³/an d'eau vers la capitale. Cet aqueduc est la base du réseau d'adduction acheminant vers le nord les eaux dessalées de la Mer Rouge. Le coût total du projet est de 810 M €[66].

---

[66] Modernisation du secteur jordanien de l'eau, BEI Info 136, 3 -2009

L'eau transportée par aqueduc s'ajoute aux 60 M m^3 /an de Dissi déjà distribués par camions citernes. Une étude universitaire américano-allemande montre que cette eau est radioactive et présente un danger sanitaire[67]. Sa radioactivité est 30 fois supérieure au seuil jugé sûr par l'OMS. Cette eau est fossile, vieille de plus de 30 000 ans elle contient un taux significatif d'uranium, de thorium et de radium. Quand elle est utilisée pour irriguer, le radium se concentre dans les légumes, causant en Jordanie plus de 8000 morts par an. Les mêmes conditions géologiques se retrouvent dans de nombreuses nappes phréatiques fossiles de l'Arabie saoudite à l'Afrique du nord. Le BRGM (Bureau de recherche géologique et minière) a publié en 2008 une étude sur la partie saoudienne de l'aquifère, nommée Saq. Elle a amené les Saoudiens à éliminer de ces eaux les particules radioactives avant distribution à la population. Le même problème existe en Libye, Tunisie et Algérie, où ces eaux sont saumâtres et où on ne dispose pas des technologies de traitement. La Jordanie n'a pas commencé à traiter les eaux extraites de Dissi, elle s'y est engagée envers la BEI.

En **Syrie**, l'approvisionnement en eau dépend largement de rivières ayant leur source en dehors du pays, comme l'Oronte (20 % du volume d'eau disponible[68]), qui naît au Liban, et l'Euphrate (la moitié du potentiel hydrique), qui

[67] Contaminated aquifers: radioactive water threatens Middle-East, Markus Becker, 5-11-2012, Spiegel Online
[68] B. Mikaïl, *La Syrie en cinquante mots clés*, Paris, l'Harmattan, 2009, pp. 63-65.

naît en Turquie. L'Oronte s'écoule vers la Turquie, aussi la Syrie ne peut-elle disposer de ses eaux à sa guise, elle doit respecter les extractions historiques de la Turquie. Seuls 4% du flux de l'Euphrate viennent de Syrie, aussi ses capacités à utiliser ses eaux sont-elles limitées (définies par l'accord syro-turc de 1987). La Syrie et l'Irak sont dépendants de la Turquie, dont les barrages sur le Tigre et l'Euphrate contrôlent les flux, fortement réduits, même si aucune statistique officielle n'est donnée. Leur situation géopolitique les oblige à respecter les volumes d'eau prélevés par la Turquie. La Syrie doit respecter ses engagements envers l'Iran si elle veut continuer à bénéficier de son appui militaire. Elle est coincée par l'Irak, de facto allié de l'Iran par sa majorité chiite, et par le Liban, qui fournit les supplétifs du Hezbollah au régime en place dans sa guerre civile. La Syrie est aussi pays d'amont de la Jordanie pour le Yarmouk. Alimentant le Jourdain, ce fleuve a longtemps été considéré par la Syrie comme un moyen de pression sur Israël, qui a toujours défendu les intérêts de la Jordanie en empêchant la Syrie d'ériger les infrastructures qui lui auraient permis d'en détourner les eaux. Le Jourdain n'est pas une ressource hydrique de la Syrie. Historiquement, ses eaux n'étaient exploitées qu'en aval par les riverains jordaniens, palestiniens et israéliens.

Le bilan de la Syrie n'a cessé de se dégrader depuis les années 1980 et le pays se trouve en situation de stress hydrique[69], en grande partie parce qu'il n'a pas construit les infrastructures lui permettant de répartir l'ensemble des ressources vers l'ensemble des consommateurs. Cela cause une situation de pénurie dans certaines régions : la situation n'est pas aussi favorable que les ressources hydriques brutes pourraient le faire penser. Les nappes phréatiques ont été utilisées pour l'usage industriel, en particulier dans la région entre Homs et Hama, fortement sunnite, la plus peuplée en dehors de Damas, et pour compenser les manques lors de périodes de sécheresse[70]. Cette pratique cause, non seulement la surexploitation des nappes et donc leur non renouvellement, mais aussi une pollution accélérée. Les effluents industriels et urbains peu retraités sont déversés dans l'Oronte[71]. Trois des plus grandes villes du pays (à l'exception d'Alep) sont situées sur des fleuves et cela rend la question de l'eau hautement politique. Le débit du Barada, qui traverse la capitale, s'est fortement amenuisé[72] et il apparaît très pollué, alors qu'il y a une trentaine d'années, il suscitait encore l'envie[73]. Même si elles sont moins nombreuses

---

[69] F. Balanche, « La pénurie d'eau en Syrie : compromis géopolitiques et tensions internes », *Maghreb-Machrek*, n° 196, Été 2008, pp. 11-28.

[70] M. Daoudy, *Le partage des eaux entre la Syrie, l'Irak et la Turquie (négociation, sécurité et asymétrie des pouvoirs)*, Paris, CNRS Éditions, 2005, p. 73.

[71] G. Shapland, *Rivers of Discord (International Water disputes in the Middle East)*, New-York, St Martin's Press, 1997, p. 145.

[72] F. Balanche, *Damas : chronique d'une pénurie annoncée*, in *Confluences Méditerranée*, n° 58, Été 2006 (Eau et pouvoir en Méditerranée), pp. 91-101.

[73] Al J. Venter, "The Oldest Threat: Water in the Middle East", *Middle East Policy*, vol. 6, n° 1, juin 1998

qu'il y a 30 ans, les coupures d'eau sont encore monnaie courante[74] : « *La Syrie est confrontée à une véritable crise de l'eau, qui affecte beaucoup le secteur agricole, associée à une configuration hydro-politique défavorable puisque cet État est fortement tributaire de ses voisins pour son approvisionnement. Cependant, cette situation de pays d'aval n'explique pas tout, le régime baathiste n'ayant pas réussi à mettre en place au niveau interne une stratégie rationnelle et équilibrée de la gestion de l'eau.* »

Le pouvoir baathiste fait aussi une utilisation politique des ressources en eaux et de leurs infrastructures : par exemple, pour éviter une sédentarisation des Kurdes à proximité de la frontière turque, il a fortement limité les allocations des eaux à cette région[75]. Les Assyriens, soupçonnés de velléités autonomistes, sont aussi défavorisés. A l'inverse, les communautés alaouites et la petite paysannerie sunnite, sur lesquelles le régime s'est construit, ont été favorisées par des transferts interrégionaux. Beaucoup de Syriens travaillent dans l'agriculture aussi le pays est-il affecté par le changement climatique[76]. Il a pu éviter les « émeutes de la faim » durant l'importante sécheresse de 2008, mais ce pourrait être un facteur de la

[74] P. Berthelot, *L'Eau au Moyen-Orient, le cas de la Syrie*, in Géoéconomie, Hiver 2011-2012

[75] F. Balanche, *La pénurie d'eau en Syrie : compromis géopolitiques et tensions internes*, in *Maghreb-Machrek*, n° 196, Eté 2008 pp. 11-28.

[76] S. Johnstone, J. Mazo, *Global Warming and Arab Spring*, in *Survival*, vol. 53, n° 2, Avril-Mai 2011, pp. 11-17. Le nombre d'habitants passe entre 1985 et 2010, de 10 à plus de 20 millions.

guerre civile en cours. Le baathisme prône la laïcité mais la religion reste un facteur de conservatisme, car l'eau est considérée comme don de Dieu. Les concepts d'efficacité ou d'investissement sont difficiles à mettre en œuvre. La Banque Mondiale et de l'UE, qui cherchent à promouvoir une meilleure utilisation des ressources et l'amélioration de la qualité des infrastructures hydriques, soutiennent des projets de développement (barrages et usines de dessalement). On peut craindre ce qui adviendra avec la guerre civile qui s'éternise.

L'Autorité Palestinienne, AP, contrôle la majeure partie de la Cisjordanie et ses habitants. La moyenne des évaluations de la population palestinienne pour 2009, est de 1 950 000 résidents[77]. C'est une population à fort taux de croissance, même si son niveau est controversé. Cela induit une demande qui croît plus vite que celle des autres entités du Bassin du Jourdain[78].

Consommations en eau en Cisjordanie

L'accès direct et fiable à l'eau potable des Palestiniens atteignait 92% en 2006, ce qui place ces territoires au niveau de la Tunisie. Il continue à croître[79].

Selon les rapports de la PWA, en 2008, les ménages ont consommé 88,6 M m^3 d'eau et l'agriculture 92,4, soit un

---

[77] Prof. Eran Feitelsson, département de géographie de l'Université hébraïque de Jérusalem, 30 janvier 2011 a utilisé le Bureau central palestinien des statistiques et la recherche démographique de la CIA

[78] Voir détails pages 65 à 68

[79] Rapport 2006 sur le développement humain du PNUD (Agence des Nations Unies pour le Développement)

total de 181 M m³, dont 52 fournis par Israël. En Cisjordanie, l'eau est chère, de mauvaise qualité, polluée aux
nitrates et avec un taux de salinité élevé. Le volume des
prélèvements y est contrôlé par Israël, car les ressources
de Cisjordanie sont pour la plupart interconnectées avec
celles d'Israël. Selon l'accord israélo-palestinien de 1995,
Israël doit limiter le volume d'eau prélevé en Cisjordanie
pour les résidents arabes à 125 M m³/an, et en fournir 52
sur ses propres ressources. L'accord[80] sur les pouvoirs et
responsabilités de 1994 entre Israël et l'OLP ne prévoyait
que 57 M m³/an et il engageait l'AP à limiter ses extractions à ce niveau, soit ce qui était prélevé avant l'accord.

La situation à Gaza n'est pas connue : l'autorité en place
axe toute sa communication sur une « misère» qui affec-
terait toute la population et il utilise les données démographiques de l'UNWRA, toujours démesurées. Les
preuves abondent que les quartiers de luxe construits à
Gaza (sous le règne du Hamas), les centres commerciaux,
les hôtels 5 étoiles, les restaurants de luxe à la publicité
éloquente, et la piscine olympique inaugurée en mai
2010 ne manquent pas d'eau potable. Depuis 2005, le
volume extrait des puits de la bande de Gaza exploités
auparavant par Mekorot, n'est plus inclus dans ces calculs, puisqu'ils ont été transférés à l'AP, mais elle n'a pas
exercé son contrôle et le nombre de puits a fortement
augmenté. On estime à plus de 300 le nombre de puits

---

[80] Baruch Nagar, Directeur de l'Administration des eaux et des égouts en Cisjordanie, réunion du 30 janvier 2011.

illégaux en opération en Cisjordanie. L'AP ne contrôle pas leur débit. Ces prélèvements augmentent la pollution et les dommages à ces aquifères partagés. Selon le rapport du PNUD[81], la consommation annuelle moyenne par habitant serait de 60 m^3 pour les Palestiniens, de 300 m^3 en Israël. Le partage des ressources disponibles serait donc très inégal[82] avec d'importantes disparités sur les prix de vente. Ces prix sont fixés par le gouvernement d'Israël et l'AP. La réalité, publiée par le Service des eaux palestinien lui-même est tout autre[83] :

La consommation des ménages palestiniens en 2011 s'établit à 124 litres/personne/jour (88 600 000 m^3/365 divisé par 1,95 million). Si on prend en compte 10% de pertes dans les canalisations urbaines (proportion plus faible que dans les campagnes, car le réseau est plus récent), elle est en réalité de 112 litres/personne/jour, soit nettement plus que le chiffre de 70 litres communiqué par les militants, les ONG et les médias. Les puits creusés depuis début 2012 par les Palestiniens ajoutent environ 10 M m^3/an à l'approvisionnement en eau des ménages. La consommation atteint 138 litres/personne/jour, soit, après déduction des pertes[84], 124 litres/personne/jour, à comparer aux 137 consommés par Israélien, 254 si on

---

[81] Programme des Nations-Unies pour le Développement

[82] Commentaires sur ces chiffres tirés des publications officielles de Mekorot et de la Compagnie nationale des eaux palestinienne.

[83] Concernant la consommation israélienne, voir plus haut dans ce chapitre

[84] D'après l'AP, les pertes dans ses conduites s'élèvent à 33,6%.

ajoute la consommation agricole. Le total annuel disponible en 2012 pour les Palestiniens, selon les accords sur
l'eau, est de 196 M m³. A cela il faut ajouter 52 M m³
fournis par Israël. Si l'on se base sur les chiffres des fac-
turations, la totalité n'est pas consommée à ce jour. Il y a
là une contradiction entre les doléances de l'AP, qui dit
manquer d'eau pour son développement, et la réalité de
la demande[85]. Des déséquilibres locaux réels sont causés
par les retards dans la mise à niveau des infrastructures.
L'AP et la PWA blâment Israël pour ses manquements,
mais leurs propres publications reconnaissent les responsabilités locales : Shahad al-Attili, Directeur du PWA
tient « l'occupant israélien pour responsable de la crise
de l'eau en raison de son mépris des conventions d'Oslo
et de son refus de fournir aux territoires palestiniens les
quantités d'eau sur lesquelles les deux côtés se sont
pourtant mis d'accord ». Il affirme à Quds Press que
« l'occupation contrôle environ 90% des ressources aquifères de la Cisjordanie, seuls les 10% restant sont distribués aux Palestiniens[86] », et que les autorités israéliennes
lui refusent de construire les canaux adducteurs pour
l'eau dans la Zone « C », mais il critique surtout plusieurs
municipalités palestiniennes, les tenant pour responsables de la crise de l'eau « en raison de leur mauvaise
gestion dans la distribution et le transport de l'eau, de
l'absence, à l'arrivée de l'eau dans certains secteurs, de

---

[85] Contradiction résultant de la communication vers les bailleurs de fonds.
[86] Centre Palestinien d'Information, 22 juin 2012

moyens d'identification et du manque de maintenance des réseaux de distribution, ce qui double la quantité d'eau perdue ». Le responsable palestinien souligne que « l'eau est plus disponible en 2013 et qu'il n'y aura pas de crise, spécialement après divers projets visant à la maîtriser : le forage de quatre nouveaux puits dans le sud et un projet pour réduire le gaspillage de l'eau ». Vu l'état de l'aquifère l'eau des 300 puits non autorisés creusés en Cisjordanie devrait être déduite des quantités totales autorisées : il est en danger et l'on peut craindre que, les mêmes causes produisant les mêmes effets, le désastre écologique de Gaza du fait de ces pratiques ne s'étende à la Cisjordanie.

L'UE est plus investie que les Palestiniens eux-mêmes dans leur gestion de l'eau : la haute représentante/vice présidente, Mme Ashton et le Premier ministre Fayyad ont signé en mars 2012 un accord d'assistance par lequel l'UE va améliorer les conditions de vie de la population. Cela inclut le financement d'une usine de traitement des eaux usées en Cisjordanie (investissement européen de 22 M €). Ce sera la deuxième usine de ce genre en service dans les territoires palestiniens. Elle sera la première à recycler dans l'agriculture l'eau traitée. Ce projet aura des effets positifs sur l'assainissement et augmentera les ressources. « L'UE, consciente de la rareté des ressources hydriques dans les territoires palestiniens, fait du secteur de l'eau et en particulier de l'assainissement le domaine prioritaire où concentrer son aide[87]».

Utilisation efficace et prévention du gaspillage

Les textes juridiques internationaux donnent priorité absolue à l'amélioration des conditions d'utilisation et à la prévention du gaspillage avant tout recours à un partage des ressources en exploitation. L'irrigation se fait encore par inondation et non par arrosage ou par goutte-à-goutte, comme cela se pratique en Israël. Pourtant, les principaux distributeurs des équipements israéliens d'irrigation au goutte-à-goutte dans les pays arabes sont des Palestiniens : ils connaissent donc bien les outils et techniques. L'inondation cause une forte déperdition par évaporation. Si les Palestiniens généralisaient l'irrigation au goutte-à-goutte, ils économiseraient des quantités importantes d'eau permettant aux villageois de disposer de plus d'eau potable[88]. Et rien n'a été fait pendant des années pour empêcher les fuites dans des canalisations.

Droits de la nature sur l'eau

Tous les accords ne prennent pas en compte les droits de la nature sur l'eau, dont Israël s'est fait le pionnier depuis la Loi sur l'eau de 1959 obligeant la Direction de l'eau à rendre compte annuellement au Comité des affaires économiques de la Knesset de la quantité d'eau allouée au maintien des paysages naturels et au flux d'eau dans les

---

[87] Communiqué de Presse de la Commission Européenne du 19 mars 2012

[88] Voir les projets TIPA en Afrique, (Sénégal, notamment) de développement des ressources agricoles grâce aux transferts de savoir-faire israélien

rivières pour l'équilibre écologique. Cet aspect fait l'objet de campagnes régulières de la SPNI et de son rapport détaillé sur la réhabilitation des rivières[89]. Selon l'ONG « *Amis de la Terre–Moyen Orient* » (FOEME), le mécanisme actuel de gestion des ressources en eau entre Israël et Palestiniens ne prend pas en compte les droits de la nature sur l'eau[90]. Un changement d'attitude des Palestiniens s'amorce, sous l'impulsion de leurs propres ONG écologiques. D'où certains projets conjoints récents, comme la réhabilitation de la rivière Kishon, entrepris par les municipalités riveraines palestiniennes et israéliennes, incluant un parc écologique à cheval sur la ligne verte de 1967.

L'étude sur les rivières effectuée et publiée par la SPNI appuyée par son lobbying[91] pour faire revivre les rivières ont amené le gouvernement à en faire un projet prioritaire d'Israël. La nécessité en était devenue évidente suite à un événement tragique en 1997: la mort d'un athlète tombé dans les eaux du Yarkon à Tel-Aviv lors des Maccabiades[92]. Il n'est pas mort noyé, mais empoisonné par l'eau polluée de la rivière[93] qui traverse la zone la plus peuplée d'Israël. Après cet accident, il fut décidé de réha-

---

[89] SPNI – La nostalgie des rivières (Hébreu), SPNI 2013

[90] Gidon Bromberg, directeur pour Israël de FOEME - réunion du 30/01/2011

[91] Reviving Streams and Wetlands in Israel – The SPNI's vision and guidelines for eco-hydrological restoration – March 2012 – O. Skutelshy et M. Perelmuter

[92] Jeux olympiques du peuple juif

[93] Pollution in a Promised Land - An Environmental History of Israel, Alon Tal, Univ. California Press, ch. 1 "The Pathology of a Polluted River"

biliter plusieurs rivières côtières : Taninim (projet primé par les Nations Unies) et surtout le Yarkon où avait eu lieu l'accident. Le grand projet de 2012 est la réhabilitation du Jourdain et de toutes les rivières du pays afin de leur redonner vie en leur réattribuant une part plus importante des eaux de leurs sources et en interdisant tout apport d'eaux polluées. Pour le Jourdain, l'objectif est de lui « redonner progressivement sa gloire ancienne ». Sur une large part de son cours, le fleuve biblique est stagnant et pollué. Il n'est plus « large et puissant » comme le décrivait la Bible. Suite à tous les prélèvements effectués par ses riverains, pour usages agricoles ou humains, le Jourdain méandre paresseusement dans son lit entre Kinnereth et Mer Morte, même en période de fortes pluies. Il n'a que quelques mètres de largeur. Des bureaux du Projet de drainage du Jourdain à Kfar Rupin, on peut voir le lieu où, lors des crues du fleuve, l'eau pouvait grimper de plus de 100 mètres. Selon le chef du projet de réhabilitation, son flux n'est plus qu'à 5% de celui d'origine. On peut aisément le traverser à pied sans se mouiller la tête. En 1900, il apportait à la Mer Morte 1,2 milliard m^3/an. En 1940, ce flux était descendu à 900 millions. Vingt ans après la création de l'Etat d'Israël, il était tombé à 810 millions et, en 1985, à 125 millions, ce qui explique que la Mer Morte soit en train de s'assécher. Une grande partie de l'eau du Jourdain vient de sources salines, situées sous le lac de Tibériade et détournées vers son lit. Le traité entre Israël et la Jordanie permet à cette dernière d'extraire plus d'eau du fleuve. Normalement, l'AP ne peut y prélever des eaux sans contrôle.

Recyclage

En zone de stress hydrique, les eaux usées recyclées sont la ressource alternative la plus intéressante, pour de gros volumes et pour tous usages. Elles sont en priorité destinées à l'irrigation. Selon les normes sanitaires appliquées au traitement elles pourraient même être potables. Le ministère israélien de l'environnement en a fixé de très strictes pour la protection de la santé et la préservation des écosystèmes. Il participe à l'élaboration de normes internationales[94]. En l'absence de normes européennes sur le recyclage des eaux usées, la DG Environnement propose l'élaboration d'un règlement les établissant. L'Europe, confrontée au problème qu'Israël connaît depuis toujours, adopte la même démarche pragmatique. Autre constat : les réseaux de distribution deviennent « intelligents », avec des capteurs qui aident les habitants à suivre en temps réel leurs consommations et donc à les maîtriser, système en place dans le monde agricole en Israël. Veolia et Orange ont créé « *M2o City – Vers la ville de demain* » afin d'installer en France 5 millions de ces compteurs dotés d'un système de relevé à distance[95].

---

[94] Oren Blonder, Director of the Agriculture, Water and Environment Department at the Peres Centre for Peace, conversation téléphonique, 27/01/2011.

[95] « L'Union européenne et le défi de l'économie verte, quels modèles pour une meilleure efficacité dans l'utilisation des ressources? », Antoine Frérot, Question d'Europe, n°206 23 mai 2011

3   Israël – Pôle d'excellence de l'eau

Israël relève du monde développé. Son économie dispose d'un avantage en matière de gestion de l'écosystème de l'eau en zone de pénurie grâce à son industrie locale des technologies de l'eau (qui a contribué au PNB pour 1,5% en 2012) et à sa position d'expert mondial. Son chiffre d'affaire à l'exportation était de 1,4 Md $ en 2010, pour des produits liés à l'agriculture, au traitement des eaux et à la gestion des réseaux, jusqu'au consommateur final.

L'écosystème de l'eau en Israël

Plus de 600 entreprises, dont une centaine de *start-ups*, opèrent dans ce secteur. Un domaine où Israël excelle est celui du traitement des eaux usées en vue de recyclage dans l'agriculture et dans l'industrie. Le pays recycle plus de 80% de ses eaux usées. Il est devenu leader mondial des technologies d'irrigation les plus efficaces[96]. C'est cohérent avec le fait que la première faculté de la toute nouvelle Université hébraïque était une école d'irrigation, mise en service en 1918 avant même que les premiers bâtiments de l'Université ne fussent construits[97]. Le manque d'eau potable dans le monde et le désir de la plupart des pays d'y pallier par des ressources alternatives ont amené Israël à proposer sa collaboration avec

---

[96] Rapport Gvirtzman
[97] Le Temps, Supplément Illustré de juillet 1922 « La Palestine Nouvelle et l'effort sioniste »

transferts de technologies sur les réseaux de distribution aux utilisateurs, préparation de plans nationaux et mise en place de nouvelles technologies. Israël a développé des outils très perfectionnés de gestion centralisée informatisée des réseaux : suivi de la consommation, réglages, gestion de la qualité des eaux, détection des fuites et outils de réparation, élimination des surpressions (que les Israéliens transforment même en électricité).

Approches idéologiques de l'eau France/Israël et évolution technique résultante[98]

Avant 1990, en France comme en Israël, l'accent était mis sur les eaux de surface, rivières, lacs, mers, et pas sur les eaux souterraines, mais la différence d'approche et de regard sur la ressource-eau entre la France, pays tempéré, et Israël, pays aride et semi-aride, est criante : pour les Français, l'eau à l'état naturel est aussi abondante que l'air. La notion d'antipollution s'introduit en amont des rivières, pour protéger les riverains en aval. D'où la mise en place des Agences de bassins, en premier celle de Seine-Normandie. Pour les Israéliens, l'eau est un produit rare, qu'il faut utiliser avec parcimonie et recycler chez son plus grand consommateur, l'agriculture. Mais ni les Israéliens ni les Français ne considéraient l'obtention de l'eau par le biais d'une production industrielle : tous deux se contentaient du captage et de l'amélioration de qualité.

---

[98] Source Ezra Banoun – Ingénieur Civil des Mines Paris, Consultant sur les technologies de traitement des eaux pour Israéliens et Palestiniens

En termes de priorités nationales, la France a développé des techniques de dépollution, exportées en Europe, puis à l'international. En Israël, les techniques d'irrigation hyper-économiques (goutte-à-goutte), la chasse systématique au gaspillage (« chaque goutte est essentielle ! ») et la réutilisation d'eaux peu dépolluées pour la culture du coton ont de suite été mises en place, puis exportées.

Israël a connu un changement radical de doctrine vis-à-vis de la priorité donnée aux eaux de surface en 1990 : les hydrologues ont démontré que les eaux souterraines devaient être prioritaires à moyen et long terme et que la réutilisation par l'agriculture d'eaux insuffisamment dépolluées causait un préjudice grave à ces réserves. Il fallait des niveaux de traitement permettant la protection des eaux souterraines. C'est ce qui a conduit à l'usage d'une technique innovante, le SBR (Sequence Batch Reactor), qui utilise un seul réacteur où se succèdent les différentes étapes de traitement[99] : flux entrant, venu du réseau des égouts, aération de ce flux, sédimentation et clarification, extraction par décantation et enfin préparation de la cuve pour le lot (*batch*) suivant. La découverte, effectuée en Australie, a été adoptée avec enthousiasme en Israël, ainsi qu'aux USA, au Royaume-Uni, mais boudée en France. La concurrence sur le marché international est devenue sévère. Israël a développé des traitements d'eaux usées de type tertiaire (à chaque instant l'eau

---

[99] Water Treatment Plant – GCES – Produits et services

produite répond à des normes très strictes pour les pathogènes et les particules en suspension), ce qui a permis l'usage d'eaux recyclées pour l'arrosage des légumes, des fleurs cultivées en serre, des parcs publics et pour certaines industries. Des techniques de SBR évoluées se développent, élargissant l'usage à des eaux usées industrielles réputées non biodégradables. Le monde agricole perd sa priorité pour l'utilisation des eaux, le coton n'est plus cultivé et le textile est remplacé par d'autres industries, la High Tech prend la première place dans l'activité nationale et envahit le domaine du traitement des eaux et des déchets (*Cleantech*). Pendant ce temps, même lorsque des problèmes de sécheresse sont apparus en France, il n'y a eu aucune modification des approches d'obtention de l'eau fondées sur le retour à la nature des eaux traitées, sans recyclage.

La concurrence internationale pour la réalisation en BOT (*build-operate-transfer*) d'usines de dessalement a permis de réduire le prix de revient de 0,58 à 0,48 $ /m^3 d'eau produite. La principale entreprise de dessalement d'Israël, IDE, est un des leaders mondiaux. Israël a adopté de fait, dans les années 1990, une idéologie favorable au rattrapage du retard, pour se hisser au niveau mondial dans les années 2010-2012, combinant la notion de rareté du bien « eau », l'impératif de la chasse systématique au gaspillage, les techniques d'irrigation économes, la définition de normes de qualité protégeant les ressources à moyen terme (protection des aquifères autant que des eaux de surface), l'adoption des techniques nouvelles de traitement d'eaux usées, la production industrielle d'eau potable et l'encouragement aux *Start-ups* dans le *Clean-tech*. Israël lança un plan de production industrielle de toute l'eau destinée aux ménages (700 M m³/an). En 2013, la capacité totale des usines de dessalement en service et en construction est de 600 M m³/an. Le forum international de l'eau 2012 à Marseille a permis de mettre en avant l'interaction forte entre les systèmes d'eaux et ceux de l'énergie. Il faut beaucoup d'eau pour produire de l'énergie, et beaucoup d'énergie pour pro-duire de l'eau. Si pour l'énergie on peut envisager un monde « après-pétrole », on ne peut envisager un monde « après-eau ». Dans la perspective du développement durable, ces interactions doivent être au cœur de l'économie verte. Ce sera le thème majeur du forum in-ternational de l'eau, prévu à Daegu (Corée) en 2015.

Depuis la fin des années 1990, Israël a mis l'accent dans sa politique économique sur 2 pôles d'excellence : les énergies renouvelables et l'eau. Cette orientation à la fois écologique et économique a permis à l'Etat juif de deve-nir un leader mondial pour les technologies de salubrité et sécurité de l'eau, de traitement des eaux usées, de dessalement des eaux de mer et saumâtres par osmose inverse, de filtres et de membranes spécifiques, de sys-tèmes intégrés, de réseaux biologiques (par exemple la purification par les algues) et de détection, traitement et prévention des fuites dans les canalisations. Dans le cadre du programme NEWTECH lancé pour faire d'Israël un pôle d'excellence en technologies des eaux, il a été décidé, avec la collaboration de l'Institut de normalisation, *IIS*, de s'insérer activement dans les programmes internationaux de normalisation du secteur, au sein de l'ISO[100]. En parallèle des standards internationaux adoptés en Israël, les autorités de protection de l'environnement ont défini des normes de traitement des eaux usées et de leurs sous-produits. Ces normes de traitement, *INBAR*, permettent d'atteindre les objectifs de recyclage quasi total des eaux traitées, y compris pour des usages exigeant un très haut niveau de qualité. Elles assurent la protection stricte des ressources souterraines. Elles sont parmi les plus sévères du monde. L'industrie de l'eau doit respecter ces normes et contribuer activement au développement des standards internationaux[101].

La Direction scientifique du ministère de l'industrie (OCS – *Office of the chief scientist*) est chargée de mettre en œuvre la politique de soutien à la R&D (recherche et développement) des industriels. Elle dispose pour ses programmes d'un budget annuel de 300 M $. Environ 1000 projets, impliquant 500 entreprises en ont bénéficié dans le domaine de l'eau. Les normes INBAR imposent aux donneurs d'ordres publics d'exiger des traitements tertiaires. Elles sont appliquées progressivement, afin de permettre aux entreprises de traitement des eaux usées

---

[100] International Standards Organization
[101] Voir Normes applicables au domaine de l'eau sur le site SPNI France

d'acquérir le savoir-faire leur permettant de garantir ce niveau de qualité exceptionnel au meilleur coût. Les incubateurs technologiques sont un des outils mis en place pour améliorer la création et la compétitivité en Israël[102]. Le centre de R&D de l'eau au kibboutz Sdé Boker, dans le Néguev, a pour mission de promouvoir des projets en collaboration avec les instituts universitaires de recherche et leurs partenaires industriels. Il apporte divers services et sert de centre de test pour les entreprises. Son budget est de 35 M NIS (7 M €) pour une période de 5 ans. Les entreprises doivent contribuer aux projets soutenus en abondant au Centre. La participation de multinationales y est bienvenue. Les universités israéliennes ne sont pas déconnectées du monde du travail, bien au contraire. L'organisme de transfert technologique d'Israël[103] est le véhicule coopératif entre la recherche universitaire et les entreprises.

En juillet 2012, l'UE et Israël ont signé un Accord d'une durée initiale de cinq ans, visant à renforcer leur coopération scientifique dans les domaines des énergies propres et du dessalement de l'eau de mer. Les deux parties encouragent les initiatives conjointes pour garantir un approvisionnement durable en énergie et en eau, conformément aux normes environnementales internationales. Elles favorisent l'usage de technologies plus efficaces et durables. La recherche sur le dessalement des

---

[102] Le programme Incubateur est décrit sur le site www.incubators.org.il.
[103] Source ITTN

eaux (domaine dans lequel Israël possède une grande expertise scientifique) sera prioritaire. Elle examinera les défis scientifiques qui sous-tendent le lien entre eau et énergie. L'accord prévoit des coopérations sur l'information scientifique et la recherche, l'équipement, le personnel, les prélèvements et les échanges de matériels.

L'insuffisance au Moyen-Orient de ressources en eaux adaptées aux diverses consommations a conduit, dès la plus haute Antiquité, à l'utilisation de techniques variées pour la collecte des eaux de surface[104], le pompage des eaux du sous-sol ou les techniques de potabilisation des eaux usées ou salées. Les deux procédés les plus anciens sont encore largement employés dans la région. Israël et la Jordanie s'illustrent par l'ampleur des moyens consacrés à une exploitation optimale des ressources : usage de canaux d'acheminement et de réservoirs. Les deux pays ont opté pour un système de gestion centralisé : en Jordanie, le canal de Ghor (appelé depuis 1987 canal du Roi Abdallah) est la principale réalisation nationale. Il sert surtout à l'agriculture irriguée de la plaine sur la rive gauche du Jourdain, la zone la plus prospère du pays. En Israël, Mekorot, gère l'aqueduc national. La Jordanie adopte très vite les innovations techniques concernant l'eau, dont les israéliennes. Elle est souvent le vecteur par lequel ces technologies se répandent dans le monde arabe. Ce fut le cas pour l'irrigation au goutte-à-goutte ou

---

[104] Voir réalisations des Nabatéens

pour les cultures de tomates résistant aux eaux saumâtres.

Autres ressources[105]

Le secteur industriel de l'eau s'articule autour du traitement et du recyclage des eaux usées, de l'irrigation (les
entreprises israéliennes exportent plus de 80% de leurs
produits et dominent un marché mondial en forte croissance : en moyenne +10% par an aux Etats-Unis, +60%
en Inde et en Chine), du dessalement (Israël dispose de la
plus grande usine au monde utilisant l'osmose inverse et
produit lui-même ses filtres de haute technologie), de la
sécurité, du contrôle des flux et de la détection, la prévention et la réparation des fuites. La collecte et la purification des sources primaires et des eaux de ruissellement
se font en usine, mais aussi par des appareils individuels
de purification. Pour la gestion de la distribution, les
compteurs individuels communicants, les réseaux d'eau
intelligents et les appareils de détection des fuites connaissent des améliorations constantes. Le recyclage, le
dessalement, la réhabilitation des rivières font tous appel à des technologies mises au point par le génie israélien. L'institut agronomique Volcani a développé des va-
riétés de tomates, concombres, oliviers et autres plantes
résistantes au sel, comme les betteraves[106], irrigables
avec des eaux saumâtres, économisant ainsi l'eau fraîche

---

[105] Source SPNI
[106] BGU Researchers successfully test solar desalinisation system for arid lands,
24 mai 2012 et Israel Science Info novembre 2012

ou recyclée qui serait nécessaire. Les semences de ces tomates sont maintenant utilisées dans toute la région.

Économies d'eau

C'est le deuxième « gisement » majeur du pays, après le recyclage. De nombreuses mesures y contribuent: meilleure gestion des ressources, détection précoce des fuites, usage d'économiseurs individuels et changement de comportement des consommateurs, surtaxe de l'eau au-delà d'une consommation minimale, campagnes de sensibilisation dans les écoles (on enseigne aux enfants dans toutes les écoles les comportements qui économisent l'eau, comme fermer le robinet pendant qu'on se brosse les dents) et dans les médias. Des économiseurs d'eau et des sabliers pour la durée des douches sont distribués. L'objectif est de réduire de moitié la consommation par arrosage des jardins et parcs publics et privés : restrictions sur les arrosages de pelouses et jardins (d'avril à novembre, 2 fois par semaine, une demi-heure, entre 5 heures du soir et 10 heures du matin au maximum). Les plantes les moins consommatrices en eau et les méthodes de jardinage les plus économes sont sur le site créé par le ministère. Le prix de l'eau a fortement augmenté (+ 45% en 2010-11).

L'irrigation goutte-à-goutte est une spécialité israélienne qui a largement contribué aux économies et continue de le faire. L'Arava (la section du Grand Rift qui va de la Mer Morte jusqu'à la Mer Rouge) est la région n°1 au monde pour la culture en milieu désertique, représentant 50%

du marché mondial dans ce domaine. Des dispositifs avancés permettent de faire la guerre aux fuites (soudure de tuyauteries plastiques, détection des micro-fuites aux robinets, détection de fuites par des drones). Les cultures ont été adaptées, favorisant celles ayant une tolérance à l'eau saumâtre (0,45% NaCl) et celles qui résistent bien à la sécheresse. Des recherches sont en cours sur le maïs et sur le riz. Le KKL[107] a mis en place 200 réservoirs implantés dans tout le pays, qui collectent les eaux de ruissellement, y compris celles des villes, qui sont purifiées. C'est un moyen de gestion efficace des eaux dans le monde agricole. Des recherches sont en cours pour y limiter l'évaporation, par exemple en recouvrant les réservoirs de panneaux solaires flottants, produisant en même temps de l'électricité « verte ». Le volume global des 200 réservoirs est de 150 M m³ d'eau. Cela permet d'irriguer 40 000 hectares de cultures. Le programme du KKL pour les dix ans à venir prévoit de creuser d'autres réservoirs pour les eaux recyclées, pour atteindre une capacité de 500 M m³ d'eau. Les communautés agricoles de l'Arava sont alimentées pour l'irrigation par 7 réservoirs creusés des plaines de Jéricho jusqu'à Eilat. Ils permettent une agriculture intensive à contre saison, donc très rentable, peu consommatrice d'eau, produisant fruits et légumes.

---

[107] Le KKL, Fonds National Juif, créé par le mouvement sioniste en 1903 pour acheter et mettre en valeur les terres au nom du peuple juif, gère la majeure partie des terres domaniales. Il plante des arbres qui humidifient le climat.

En Europe, en fin de traitement les eaux usées sont rejetées dans la nature (rivières, lacs, mers) et ne sont en général pas réutilisées. Au contraire, en Israël, le niveau de qualité obtenu permet de recycler les eaux traitées : pour l'irrigation elles sont distribuées par des réseaux, quelquefois souterrains, contrôlés par ordinateur. Elles ont subi un traitement tertiaire, garantissant l'obtention à chaque instant du niveau de qualité exigé, grâce à la filtration ultra fine des effluents et à leur stérilisation poussée. Une instrumentation et des logiciels de contrôle sophistiqués vérifient à chaque instant le niveau de qualité des effluents. Ils arrêtent la réutilisation en cas d'identification d'un risque de qualité déficiente. Cet arrêt est suivi d'un complément de traitement avant de reprendre le recyclage. Ceci permet l'irrigation des cultures potagères sous serres. La méthode de traitement des eaux usées SBR permet d'obtenir des effluents de meilleure qualité que les procédés de traitement de niveau 2 en continu et d'étendre l'usage des techniques de traitement biologique à des eaux usées industrielles dont l'utilisation était jugée « impensable ». La réutilisation des eaux traitées se fait après traitement sophistiqué dans les usines selon deux schémas : soit un traitement spécifique et spécialisé dans chaque usine et chaque établissement industriel selon le type de flux entrant, soit le traitement centralisé et collectif des eaux résiduaires de zones industrielles. Le traitement spécifique par type de flux entrant est pratiqué dans le monde entier pour réutilisation dans le cadre de l'établissement industriel. Ce qui caractérise Israël est l'élargissement de cette solution à des usines produisant des eaux résiduaires réputées être non biodégradables. Cela résulte de l'application du SBR à ce secteur. Le traitement collectif et centralisé d'eaux usées de zones industrielles avec des dizaines d'établissements de branches différentes, est exceptionnel. L'auteur n'en a trouvé trace nulle part ailleurs qu'en Israël. Ce type de traitement n'a été adopté que par quelques spécialistes du traitement des eaux, car il met en cause bien des principes admis pour « expliquer » les mécanismes de traitement des eaux usées auparavant. Jusqu'à l'apparition, au début des années 1990, de la technologie du SBR[108], la réduction de la pollution carbonatée des eaux se faisait dans des systèmes de réacteurs microbiologiques et de clarificateurs « à fonctionnement continu ». Mais les effluents traités se caractérisaient par une concentration élevée de matières en suspension, 30 ppm pour le traitement d'eaux usées urbaines, d'où des fluctuations importantes de la qualité des eaux traitées. La moyenne quotidienne des concentrations de polluants rejetés en milieu naturel doit être inférieure au seuil fixé par la réglementation. Et lorsque les eaux traitées sont destinées au recyclage, la valeur instantanée des concentrations de polluants doit être en dessous de

---

[108] *Sequence Batch Reactor* ou réacteur biologique avec alimentation en influents et évacuation des effluents (eaux traitées) séquencées. Source Ezra Banon in Israël Science Info, numéro de mars-avril 2012

seuils plus stricts et la qualité doit avoir une très faible variabilité. Dans le procédé SBR, les eaux usées sont envoyées à un système à deux réacteurs en parallèle, un seul réacteur étant alimenté à la fois. Dans le 2ème réacteur, la clarification et l'évacuation des eaux traitées s'effectuent de façon optimale, sans être perturbées par l'arrivée d'eaux brutes. Le réacteur dans le processus SBR est une cuve dans laquelle s'accomplit le mixage durant la phase de réaction et où les étapes d'aération et de clarification se produisent en séquence. Lors d'une opération SBR, l'élimination des boues se fait durant la phase de réaction, avec extraction uniforme de solides. Un avantage du système est qu'il ne nécessite pas de traitement des boues de type RAS (*Return Activated Sludge*). Comme l'aération et la décantation se produisent dans la même cuve, aucune boue n'est perdue dans l'étape de réaction et il n'est pas nécessaire d'en retourner une partie pour maintenir le niveau des solides dans la chambre d'aération. Cette technique de traitement des eaux usées bouleverse les bases théoriques jusqu'alors admises pour le fonctionnement des micro-organismes dans les réacteurs de dépollution[109]. Amélioré en SBR-C dans les années 1990 par l'entreprise KBT, le procédé a une mise en œuvre plus efficace et peut traiter biologiquement des

---

[109] Le contexte culturel a permis sa généralisation en Israël, et empêché celle-ci en France, *Développement Technique du Traitement des Eaux* Ezra Charles BANOUN, mai 2012, Collège académique de Netanya, 12 clés pour le XXIe siècle

effluents industriels très difficiles à traiter[110]. Il comporte un réacteur microbiologique à volume variable, qui permet de stocker les eaux usées brutes et réalise la première biodégradation des matières organiques polluantes grâce à la biomasse recyclée de la deuxième unité, où s'achève la biodégradation. Elle est suivie par la clarification, l'évacuation des eaux traitées et le recyclage de la biomasse. Ces fonctions ne sont pas perturbées par l'arrivée simultanée d'eaux usées. Le SBR-C a traité avec succès les effluents d'une centrale électrique, et ceux de goutte-à-goutte souterrains de jardins publics et de villages en zone désertique. Cette solution a été mise en application dans la zone industrielle de Barkan, où plus de cent établissements industriels de branches diverses (textile, métallurgie, électronique, alimentaire, ...) opèrent avec des fluctuations fortes et fréquentes des paramètres des effluents : débits et concentrations de chaque type de polluant, jusqu'à dix fois plus élevées que ceux de la pollution organique. La qualité des effluents après traitements est constante pour les concentrations de matières en suspension et la BOD[111]. Les eaux traitées sont récupérées pour irriguer une plantation d'arbres entourant l'exploitation industrielle.

---

[110] Il utilise des concentrations élevées de microorganismes pour biodégrader des pollutions industrielles difficiles à éliminer, en produisant des liqueurs mixtes séparables en eaux traitées et en boues microbiologiques recyclables.
[111] La BOD, demande biochimique en oxygène, est la quantité d'oxygène dissous dont les organismes biologiques aérobies ont besoin pour décomposer la matière organique.

Le retraitement généralisé dépollue (à un excellent niveau, quantitatif et qualitatif) et évite la pollution qui aurait été produite sans lui. Il permet une économie d'eaux de 400 M m^3/an et d'engrais, surtout phosphatés. Il permet de réalimenter les nappes souterraines avec des eaux de haute qualité : 40% des eaux d'irrigation ne sont pas fixées par les plantes et percolent vers les nappes souterraines. En Israël, les eaux retraitées servent à l'irrigation dans tout le pays, en particulier 20 000 hectares dans le Néguev semi-désertique. Une originalité du système israélien est son pragmatisme. Les acteurs du retraitement sont à la fois les administrations, des grandes entreprises et des *start-ups*. Le ministère de la Protection de l'environnement, très actif et secondé par le ministère de la Santé, celui du Développement économique et la Direction des Eaux, travaille en collaboration avec les entreprises du traitement des eaux sur un modèle BOT (Build-Operate-Transfer). Dans ce cadre, KBT est devenu leader pour les usines d'épuration d'eaux usées. Mekorot joue un rôle majeur de soutien de l'innovation et de la coopération internationale. Elle traite environ 70% des eaux usées en Israël et dispose de 8 usines de purification dans le pays. Deux usines de Mekorot pour le recyclage des eaux usées sont communes avec la Compagnie palestinienne des eaux. En 2012, Israël recyclait 80% de ses eaux usées. Son objectif à terme est d'arriver à 90%. Le 2ème pays est l'Espagne (12%), suivie par l'Australie (9%), l'Italie (8%) et la Grèce (5%).

L'ensemble de l'Europe stagne à moins de 1%. La Jordanie, suite à la formation de techniciens réalisée en Israël dans le cadre du programme MEDRC[112], construit plusieurs usines de recyclage. Elle devrait rapidement dépasser l'Espagne. Les Palestiniens continuent à compter surtout sur la cueillette des eaux naturelles et ne recyclent pas les eaux traitées. Pourtant ils ne manquent pas de compétences : des dizaines de techniciens formés en Israël (dans le cadre de MEDREC) et des projets conjoints entre universités. Le dernier en date : un projet financé par SANOFI entre le Technion et l'Université Al Quds d'Abou Dis pour développer des membranes spécifiques pour retirer tout médicament de l'eau traitée.

Que faire des boues effluentes ? L'objectif est de les retourner à l'agriculture. Aujourd'hui c'est le cas de 50%, récupérés dans 9 usines. Les boues sont traitées pour en éliminer les métaux lourds et sont utilisées dans le Néguev comme engrais. La comparaison des coûts de production et de distribution de l'eau d'irrigation en fonction de son origine (eau de mer dessalée, eaux saumâtres, eau potable, eau collectée pendant les crues et recyclage) fait clairement apparaître que le recyclage est la solution la plus économique en Israël[113]. La récupération d'eaux de ruissellement par lagunage et bio-filtres est un autre axe. Par exemple, MAPAL exporte ses systèmes de mise aux

---

[112] Voir chapitre 5
[113] Rapport de l'Office International de l'Eau sur le recyclage des eaux usées en Méditerranée

normes d'installations anciennes en Angleterre, Afrique du sud et Amérique. La pollution peut provenir de l'abus d'engrais et de pesticides ou de la surexploitation des ressources, qui introduit du sel dans les aquifères ou de ce qu'on trouve dans les rues des villes pour les eaux de ruissellement urbain. Pour celles-ci, la filtration biologique (procédé Yaron Zinger : gravier + plantes à racines profondes + bactéries dépolluantes) permet le retour de l'eau traitée à la nappe phréatique. La 1ère installation de ce type a eu lieu en 2010 dans la ville de Kfar-Saba où les eaux de ruissellement sont toutes récupérées, traitées et réinjectées, la ville bénéficiant aussi d'un parc de loisirs où se trouvent les bassins de lagunage. Avec des techniques de construction adaptées, c'est 290 M m^3/an d'eau additionnels, soit l'équivalent de 3 usines de dessalement de l'eau de mer, qui pourraient alimenter les aquifères. On récupère aujourd'hui la quasi-totalité des eaux de ruissellement dans les campagnes par des techniques simples, qui permettent de les réinjecter directement dans les aquifères. La captation directe par préparation du terrain prend plusieurs formes : micro-barrages sur les oueds, archéo-agriculture par utilisation des eaux de ruissellement (*Run-off*) en agroforesterie, par exemple dans la forêt de *Yatir*, dans le Néguev[114] ou les techniques du BIDR (*Blaustein Institute for Desert Research*). Pour les

---

[114] Prix Cleantech 2009 excellence award

rivières, le processus est la filtration à sable avec traitement UV et lagunage (plantes + micro-organismes). C'est ainsi que le *Yarkon* a été réhabilité en 2009, et le *Nahal Alexander* a reçu en 2006 un Prix des Nations Unies pour sa réhabilitation. C'est ainsi, également, que celles du *Kishon* et du *Kidron* font, en 2013, l'objet de projets entre les municipalités palestiniennes et israéliennes le long de leurs cours. Le Jourdain est en cours de réhabilitation et à terme il est prévu d'en faire autant pour toutes les rivières du pays.

Dessalement de l'eau de mer

Une nouvelle usine à Ashdod avait été décidée en début 2012. D'une capacité de 100 à 120 M m^3/an, avec l'augmentation des capacités de production des usines existantes cela porte la capacité totale en 2013 à 600 M m^3/an. Plusieurs usines de dessalement de l'eau de mer sont financées sur le mode BOT, c'est-à-dire aux frais de celui qui remporte le marché et qui obtient en échange une licence d'exploitation pendant une période longue avant de transférer la pleine propriété et la responsabilité à l'opérateur public. C'est le cas de celles de Hadera, Sorek et Ashkelon. D'autres sont financées en mode BOO (Build-Operate-Own) : même principe que BOT, mais sans transfert de propriété. C'est le cas de celle du Kibboutz Palmachim. Les acteurs sont des entreprises : IDE Technologies a installé 360 usines dans 40 pays et exploite un procédé original : la récupération d'énergie (effluents chauds de centrales) et Mekorot, la compagnie nationale, est pionnière du dessalement (Eilat 1970). Elle a créé 2 entreprises: une avec Rotec, *start-up* mettant en œuvre une osmose inverse améliorée dans l'unité pilote de Sde-Boker, la deuxième avec Lesico utilise un procédé d'électrodialyse à consommation d'énergie réduite. Elles travaillent avec des universités, Ben Gourion, sur le pré-traitement anti-colmatage, et le Technion, sur un procédé d'adjonction de magnésium.

Au cours de la décennie 2010, Israël disposera d'assez d'eau pour fournir aux Palestiniens de quoi combler leur déficit, si les raisons de politique intérieure et extérieure (vis-à-vis de militants français, notamment[115]) n'obligent pas ceux-ci à refuser. Grâce à la capacité accrue de dessalement, Mekorot pourra réhabiliter les aquifères. Israël souffrait d'un déficit en eau potable, mais depuis 2013 les 3/4 de ces besoins sont couverts par le dessalement de l'eau de mer et marginalement d'eau saumâtre venant de nappes fossiles du Néguev. La Jordanie se met aussi au dessalement et construit une usine près d'Aqaba sur la Mer Rouge. Elle a passé un accord (été 2013) avec Israël pour échanger une partie de l'eau produite à Aqaba contre de l'eau en provenance du Lac de Tibériade que lui livrera Israël vers le nord de la Jordanie.

Les réservoirs restent un pivot de l'alimentation en eau d'Israël. Mekorot prévoit de créer un 2ème réseau pour

---

[115] Ceci dément le « rapport Glavany » sur la situation de l'eau entre Israéliens et Palestiniens, dans lequel les considérations dogmatiques n'ont pas permis à l'auteur la prise en considération des faits ou du contexte.

l'eau destinée à l'irrigation, qui proviendra, dès 2030, exclusivement du dessalement et du recyclage. Son budget pour ces nouveaux projets est de plus de 1,5 Md $.

Le dessalement des eaux saumâtres présente un intérêt économique : dessaler l'eau de mer consomme 3,85 kWh par m³ récupéré, pour un taux de récupération de 50% et un prix de revient de 50 ¢/m³. Dessaler les eaux saumâtres ne demande que 0,9 kWh par m³ récupéré, à un taux de 73 % pour un prix de revient de 25 à 30 ¢/m³. Au plan environnemental, il y a réduction des résidus et comme cela se fait à proximité du lieu de consommation, on évite les nuisances liées au transport. Le Néguev possède d'importantes nappes phréatiques fossiles à grande profondeur (1200 mètres), contenant des eaux saumâtres. Là où le transport d'eau fraiche serait onéreux, en termes économiques et écologiques, vu les distances, les villages agricoles ont été autorisés à puiser dans ces ressources pour irriguer leurs cultures. Les nappes d'eaux saumâtres sous le Néguev ont permis à l'usine de dessalement d'Eilat d'alimenter la ville et les villages les plus au sud du Néguev. Un tel système est trop coûteux pour l'ensemble des communautés agricoles. Afin d'exploiter la ressource des eaux saumâtres, l'institut BIDR de l'Université Ben-Gourion du Néguev et le Centre de R&D de l'Arava sur l'optimisation de l'eau à usage agricole ont mis au point des nano-filtres pour celles-ci, utilisant des panneaux solaires et des membranes moins chères à l'achat et à faible consommation énergétique.

L'unité de dessalement produit, à peu de frais, l'eau potable et celle nécessaire aux cultures potagères. Israël a construit à Hatzeva dans l'Arava « l'*Oasis Josefowitz* », une oasis du désert modèle utilisant l'énergie solaire, qui pourrait vaincre la faim dans les pays arides. L'oasis combine le meilleur des technologies agricoles vertes israéliennes permettant aux habitants des déserts de développer une agriculture rentable et durable. Les chercheurs ont rassemblé leurs expertises dans cette oasis modèle de 1 km², située dans un lieu aussi désertique que le Sahara, pour cultiver dans ces conditions extrêmes une véritable corne d'abondance de récoltes résistantes au sel. Les nouvelles membranes de nanofiltration retirent les éléments minéraux néfastes, mais laissent dans l'eau ceux utiles à la croissance ou à la protection des plantes afin que l'eau soit parfaitement adaptée aux besoins spécifiques des plantes à irriguer. On réduit ainsi la quantité d'engrais nécessaire avec l'osmose inverse classique. Ces membranes nécessitent aussi moins d'électricité (un quart environ) que les membranes sur le marché, donc moins de panneaux solaires, chers. Ce projet montre que l'irrigation à base d'eau dessalée et d'engrais inorganiques a une meilleure productivité que les usines de dessalement actuelles. Ces technologies d'utilisation d'eaux saumâtres sont un moyen de développer tout le pourtour de la Méditerranée et surtout sa zone sud. L'Institut méditerranéen de l'eau à Marseille a mené une étude sur les aquifères fossiles au sud de la Méditerranée et a montré qu'elles ont une importance majeure pour les régions et pays concernés, car elles sont directement mobilisables, même si une grande partie d'entre elles, comme en Israël, sont saumâtres[116]. L'oasis modèle sert de centre d'enseignement et de démonstration. On vient en Israël de nombreux pays où la désertification progresse pour apprendre, même de zones comme le nord du Nigeria où des rebelles apprennent ainsi à « transformer leurs armes en charrues ». Chaque système est conçu spécifiquement pour le lieu où il sera installé.

Cette version « durable » d'osmose inverse fonctionne à basse pression, consomme une faible quantité d'énergie et nécessite peu d'entretien en fonctionnement. Les tests sur le sorgho et le millet montrent des rendements augmentés avec des consommations d'engrais et d'eau inférieures de plus du quart. Selon le Dr Ghermandi[117] « le manque d'eau douce au Moyen-Orient oblige à chercher des solutions alternatives et à exploiter des sources de qualité marginale telles que les aquifères saumâtres. La concurrence pour la terre et l'eau et la demande alimentaire mondiale croissante obligeront les agriculteurs du futur à utiliser plus efficacement les ressources naturelles ». Cette nouvelle oasis cherche à exploiter celles disponibles localement, avec des technologies que même les fermiers pauvres de ces régions pourront utiliser,

---

[116] Voir www.ime-eau.org

[117] Institut de Recherche sur les eaux *Zuckerberg*, fondé en janvier 2002 sur le campus de Sdé Boqer de l'Université Ben Gourion du Néguev.

dans le respect durable des écosystèmes. Elle a été mise au point par le laboratoire de Rami Messalem, spécialiste des membranes, à l'Institut de Recherche sur l'Eau de l'Université Ben Gourion. Le problème suivant était de disposer des effluents du dessalement, fortement salés, sans polluer les nappes phréatiques. La solution fut de faire appel à des plantes aimant le sel, comme les betteraves. Une autre solution, déjà bien développée en Israël est de créer un élevage de poissons d'ornement en plein désert en utilisant ces eaux fortement salées.

Parmi les autres technologies innovantes, on produit de l'eau à partir de l'air. A l'exposition Eurosatory 2012, salon international de produits de défense et de sécurité, la firme israélienne Water-Gen a exposé des appareils produisant de l'eau à partir de l'humidité de l'air, destinés à approvisionner en eau les troupes sur le terrain. Pour les militaires, l'eau est un défi logistique majeur. Le déploiement des forces nécessite des stocks importants et il contraint à mettre en place un acheminement par des voies souvent difficiles d'accès et dangereuses. L'innovation apportée par Water-Gen se décline en divers appareils : le produit phare, GEN250-G, fournit 300 litres d'une eau stérile et excellente au goût, et jusqu'à 600 litres par jour en atmosphère humide. Le GEN35V a une capacité de 40 litres, suffisante pour 3 ou 4 personnes. Monté sur véhicule, il récupère même l'eau de conditionneurs d'air qu'il filtre et stérilise. Enfin le WTU (*water treatment unit*) portable est un appareil capable de traiter toutes les eaux usées ou salées dans un sac à dos d'une dizaine de kilos. Il produit une eau propre à la consommation, purifiée, stérilisée et minéralisée. Cette technologie militaire a toutes les chances d'être transférée vers le secteur civil, le manque d'eau potable étant une préoccupation essentielle dans de nombreuses régions arides et désertiques. Son premier usage est pour la médecine humanitaire en zone de conflit ou de catastrophe. Le système EWA condense aussi l'humidité de l'air. Il se présente en produits de diverses tailles : des valises pour des usages individuels qui peuvent fournir 30 l/jour et des modèles domestiques, plus importants, fournissant de 500 à 5000 litres par jour. Tal-Ya Water Technologies collecte la rosée et les eaux de pluie (0,6 l/m^2) grâce à des **g**outtières en plastique recyclé éliminant les mauvaises herbes sans désherbant.

4   LA LOI INTERNATIONALE ET L'EAU

Il n'y a pas à ce jour de traité, de charte des Nations Unies, ni de corpus de textes de droit international de l'eau reconnus par tous, applicables à l'ensemble des Etats et opposables devant un tribunal international[118]. Aucun texte exhaustif sur le partage des eaux n'a encore été ratifié par suffisamment de nations pour devenir une obligation juridique pour tous. Des projets de traités existent et de nombreux pays adhèrent aux principes de ce « droit en formation ». Le Secrétariat de l'ONU a mandaté l'ADI, Association de Droit International, afin qu'elle prépare des traités qui seront ensuite présentés à l'ONU pour ratification. L'ADI a publié en 1966 les principes de ces lois : les règles d'Helsinki. L'Assemblée Générale de l'ONU a confirmé l'ADI en 1970 dans sa mission de développement progressif du droit concernant les usages des cours d'eau internationaux[119]. Certains textes sont en bonne voie et la plupart des nations occidentales, dont Israël, les appliquent déjà, même s'ils ne sont pas, à ce jour, coercitifs.

Se rendre d'un point d'eau à un autre a longtemps été la principale préoccupation des tribus nomades et pastorales, comme l'étaient les Hébreux : les règles sur l'eau

---

[118] Bases juridiques du droit humain à l'eau potable dans des *Les sources du droit à l'eau en droit international*, Marie-Catherine Petersmann. Ed. Johannet. On y trouve divers documents, depuis *Observation générale* n° 15 du Comité des droits économiques, sociaux et culturels, jusqu'à la Déclaration de Rio+20 ».
[119] Résolution 2269 (XXV) du 8 décembre 1970

devaient alors être assez souples pour permettre le libre accès aux lieux d'approvisionnement. Le Coran et la Sha-ri'a, reprenant cet impératif socioculturel, ont caractérisé l'eau comme un bien précieux et accessible à tous, un don de Dieu. Avec la sédentarisation des Hébreux, puis l'expansion de la cité musulmane et sa modernisation juridique et administrative sous l'Empire ottoman, enfin, lors de la naissance des Etats contemporains, ces bases culturelles ont été conservées dans des codes nationaux organisant la pratique coutumière afin de répondre aux exigences nouvelles. Cette codification des usages de l'eau s'est accompagnée partout d'une « nationalisation » du droit de l'eau, avec l'émergence d'une politique de l'eau lorsque les relations entre Etats ou communautés partageant les mêmes ressources en eaux devenaient conflictuelles.

« Dans les années 1970, face à la multiplication des tensions liées aux usages et au partage de l'eau, la communauté internationale prit conscience que les règles du droit fluvial international étaient incapables de rendre compte d'une réalité aussi complexe. Il devint indispensable de dégager des principes juridiques s'adaptant aux changements économiques et sociaux et aux exigences écologiques émergentes[120] ».

---

[120] L'eau et le droit : cadre juridique d'une gestion commune et équitable des eaux du bassin jordanien ? *Mécanismes juridiques et gestion de l'eau.* Gaël Bordet, *pour le site* www.irenees.net, janvier 2002

Principes et lois concernant les eaux partagées

Comme dans toute région où il y a des conflits entre des parties concernées par un territoire ou un bien commun, il est souhaitable que la même loi soit appliquée à tous. Il faut commencer par s'accorder sur les principes des lois destinées à régir les eaux internationales, tels qu'ils ont été formulés par l'ADI, même si les textes ne sont pas contraignants. C'est aussi le meilleur moyen d'assurer la bonne gestion du Bassin du Jourdain, la gouvernance du système et l'équité des répartitions, à condition que des mécanismes de règlement des litiges soient mis en place, et sous réserve que tous les Etats riverains participent à cette gouvernance. Les Israéliens, habitués à la démocratie, ont cette position, mais pas l'AP, qui veut d'abord maîtriser ses ressources selon sa propre définition avant de passer un accord avec Israël et exige pour cela d'être d'abord à la parité. D'où un blocage juridique pour l'aménagement du Jourdain.

Règles juridiques internationales

S'il n'est pas encore applicable de manière obligatoire à tous les Etats, comme le sont les articles de la charte de l'ONU, le corpus de textes élaboré sous l'égide de l'ONU, sert de base aux traités et procédures d'arbitrage entre Etats, devenant ainsi opposable devant des tribunaux internationaux. Cela concerne de nombreux aspects de l'usage d'eaux partagées : droit d'accès à l'eau, sécurité des ressources et des approvisionnements, coopération internationale et résolution des disputes, mise en appli-

cation des traités concernant les ressources partagées
par les successeurs des Etats les ayant signés, impact du
droit international du commerce sur l'appropriation des
terres ou le concept « d'eau virtuelle »[121]. La résolution
de litiges entre voisins n'est possible que si les Etats concernés suivent ces principes de l'ADI. Sinon, un Etat qui
s'estime lésé ne peut pas intenter à son voisin un procès
pour violation du droit international et les violations des
principes peuvent se poursuivre en toute impunité. C'est
ce que l'on constate entre la Turquie et les pays riverains
du Tigre et de l'Euphrate en aval, qui ne peuvent que subir sans recours les conséquences de la construction de
barrages sur ces fleuves par la Turquie[122].

Ces principes à portée universelle élaborés par l'ADI sont
complémentés par des traités bilatéraux ou multilatéraux
qui deviennent, dès qu'ils sont signés, des éléments du
droit international que les parties concernées peuvent
invoquer devant les tribunaux. Dans le conflit israélo-
palestinien la partie palestinienne accuse régulièrement
Israël d'avoir violé le droit international en matière
d'eau, mais, à notre connaissance, jamais aucun recours
n'a été présenté en application des principes de l'ADI,
reconnus par Israël, devant aucune des instances possibles. La presse et les médias présentent souvent ces

---

[121] International Law and Fresh Water: the Multiple Challenges, Université de
Genève, juillet 2011, et Empreinte sur l'eau de Water *Footprint Network* 2013
[122] C'est le cas de l'Egypte avec l'Ethiopie concernant le barrage sur le Nil
Bleu qui privera l'Egypte d'une bonne part de ses apports en eau. L'Ethiopie
n'est pas prête à accepter un arbitrage international. Ahram online, 1-6-2013

« violations » comme des faits avérés, mais aucune n'a pu être prouvée, le droit s'appuyant sur des faits, pas sur des opinions ni des sentiments.

Qu'est-ce qu'un fleuve international[123] ?

La Convention de Vienne de 1815, désignait ainsi tout cours d'eau traversant ou séparant des territoires appartenant à deux Etats ou plus. A l'origine, ce texte était fait pour les cours d'eau navigables. Son applicabilité fut élargie, en 1921 par la Conférence de Barcelone, à tout intérêt économique, au-delà de la seule navigabilité.

Traités et principes internationaux

Ces définitions ont depuis été complétées par la notion de « bassin intégré »[124]. Le bassin hydrographique intégré de statut international regroupe l'aire de drainage élargie constituée de l'ensemble complexe du cours d'eau principal, ses affluents et les réservoirs, souterrains ou de surface (comme les lacs), qui y sont liés. Vers la fin des années 1950, suite à diverses études, l'ADI a proposé l'expression « bassin de drainage international ». L'article 2 des Règles d'Helsinki adoptées en 1966 par l'ADI, donne ce nom à « une zone géographique s'étendant sur les territoires de deux ou plusieurs Etats et déterminée par les limites de l'aire d'alimentation du système des eaux de surface et eaux souterraines, s'écoulant dans une

---

[123]L'eau et le droit : quel cadre juridique pour une gestion commune et équitable des eaux du bassin jordanien ? *Mécanismes juridiques et gestion de l'eau.* www.irenees.net *par* Gael Bordet, janvier 2002

[124] Théorie initiée par l'ADI en 1956, réunion de Dubrovnik et précisée en 1966 dans les « Règles d'Helsinki ». L'ADI est une ONG fondée en 1873.

embouchure » [125]. La notion de bassin de drainage international offre une base rationnelle pour la mise en valeur
des ressources en eau. Le bassin est délimité par la nature, toutes ses ressources naturelles (terre, eau, faune,
couverture végétale, etc.) peuvent être quantifiées. Vu
l'interconnexion physique entre les ressources en eaux
d'un bassin, toute modification naturelle ou artificielle
subie par celles-ci par une partie du bassin impactera
l'ensemble des ressources. Cette notion induit le développement polyvalent des ressources et la nécessité
d'une utilisation rationnelle avec gestion intégrée. C'est
ce que les techniques modernes d'hydraulique et de gestion des eaux permettent.

Deux nouveaux concepts ont vu le jour depuis les règles
d'Helsinki : les « systèmes internationaux de ressources
en eaux », englobant les eaux atmosphériques et les eaux
gelées, et les « ressources naturelles partagées », incluant
toute ressource commune à plusieurs Etats : eau, air,
hydrocarbures, faune et flore sauvages, ressources ha-
lieutiques, et autres. Le rôle que joue la pénurie d'eau
dans les désordres socio-économiques a été reconnu
pour la première fois dans les relations internationales
lors de la conférence de Mar-del-Plata, organisée par
l'ONU en 1977. A cette occasion, les Etats proclamèrent

---

[125] En 1815, l'Acte final de la Convention de Vienne définissait le fleuve international. La Conférence de Barcelone du 20 avril 1921 en lui adjoignant la notion
« d'intérêt économique », ne fait plus dépendre l'internationalisation d'un
fleuve de sa seule navigabilité.

l'eau « ressource planétaire ». Face à l'inadaptation des règlements existants et au manque de textes contraignants, la Commission du droit international des Nations Unies (ILC) a entrepris, dès les années 1970, de codifier l'utilisation des voies d'eau, mais la complexité de la tâche n'a toujours pas permis l'élaboration d'un code.

A l'heure actuelle, les 273 cours d'eau internationaux répertoriés dans le monde constituent des ressources en eau douce essentielles. Elles abritent des écosystèmes riches dans 145 pays. Leurs bassins recouvrent presque la moitié des terres émergées, rassemblent près de 40% de la population mondiale et apportent près de 60% de toute l'eau douce disponible[126]. 40% de ces bassins transfrontaliers font l'objet d'accords de gestion coopérative. La convention proposée par l'ONU a été ratifiée par 28 Etats sur les 35 nécessaires à son entrée en vigueur[127]. La directrice du programme « L'eau pour la vie et la paix » de *Green-Cross* espère « un effet boule de neige dans le processus de ratification pour atteindre les 35 Etats en 2013 ». La République arabe syrienne a ratifié cette convention avec une réserve : « L'approbation de la présente Convention par la République arabe syrienne et sa ratification par le Gouvernement syrien ne signifient nullement que la Syrie reconnaît Israël ou qu'elle entretiendra

---

[126] WWF, brochure sur la convention des Nations-Unies sur les cours d'eau, 1997

[127] Convention sur le droit relatif aux utilisations des cours d'eau internationaux à des fins autres que la navigation, Nations-Unies, New York, 21 mai 1997

le moindre rapport avec Israël dans le cadre de la Convention. » La réponse d'Israël, en date du 15 juillet 1998, a été que : « De l'avis du Gouvernement de l'État d'Israël, une telle réserve, dont la nature est explicitement politique, est incompatible avec l'objet et le but de la Convention et ne peut en aucune manière modifier les obligations qui incombent à la République arabe syrienne en vertu du droit international général et de conventions particulières. Quant au fond de la question, le Gouvernement de l'État d'Israël adoptera envers la République arabe syrienne une attitude de totale réciprocité. » La relation Syrie-Israël est une relation entre pays d'amont et pays d'aval. En d'autres termes, le pays d'amont peut rendre difficile la vie du pays d'aval, alors que ce que fait le pays d'aval n'a aucun impact sur le pays d'amont. Seul le rapport de force permet au pays d'aval d'empêcher celui d'amont de lui nuire. La réciprocité joue sur « Si tu me fais mal, tu souffriras et j'interviendrai chez toi pour t'empêcher de me nuire. » C'est ainsi que par cinq fois, les Israéliens ont détruit des infrastructures que la Syrie construisait pour priver Israël de ressources hydriques.

La relation israélo-jordanienne est, elle, un rapport de collaboration, donc réciproque, entre deux égaux, deux pauvres qui ont compris qu'ils peuvent plus facilement lutter contre la pauvreté ensemble que séparément : Israël aide la Jordanie, en lui fournissant une partie de ses propres réserves en eau, et la Jordanie aide Israël par des réservoirs compensant une pénurie saisonnière.

Deux principes de droit participent à l'essor de règles mieux adaptées aux réalités du bassin hydrologique. Le premier, consacré dès 1949 par la jurisprudence de la Cour Internationale de Justice, confirmé en 1972 dans la Déclaration sur l'environnement de Stockholm, concerne « l'utilisation équitable et raisonnable de l'eau », ce qui suppose que les pratiques d'un Etat ne privent pas d'autres riverains de leurs droits sur les eaux d'un fleuve, d'un aquifère, d'un lac. Le second principe demande aux Etats riverains de ne porter aucun tort aux autres, et il prend en compte l'environnement auquel il ne faut faire subir « aucun dommage substantiel ». Ce second principe a longtemps été subordonné au premier en raison de la prévalence de l'économie sur l'écologie. Il a été revalorisé lors des récentes conventions d'Helsinki et de New York. La Commission des Nations Unies pour l'Europe a adopté, le 17 mars 1992 à Helsinki, une « convention pour la protection et l'utilisation des cours d'eau transfrontaliers et des lacs internationaux », incluant le principe d'une coopération écologiquement responsable s'appuyant sur les meilleures technologies disponibles (BAT pour « *best available technologies* ») et sur les meilleures pratiques environnementales (BEP pour « *best environmental practices* »). Cette convention met l'accent sur la pollution des eaux qu'il faut « prévenir, combattre et réduire afin de gérer les ressources transfrontalières de manière rationnelle, écologique et équitable (...) » ; de même, « il convient de ne pas transférer de pollution d'un secteur envi-

ronnemental à un autre et de respecter les droits des générations futures ». Le principe d'utilisation équitable a
été mentionné une des premières fois lors de l'arbitrage
entre la France et l'Espagne concernant le Lac Lanoux.
Les règles énoncées dans le projet de loi internationale
élaboré par l'ADI, obligeront les États riverains à voir les
impacts d'activités menées parfois loin d'une frontière.
Ainsi, le principe d'utilisation équitable (art. 6) pourrait
être violé par des activités menées sur l'affluent d'un
fleuve transfrontalier ou sur un canal y menant autant
que sur le fleuve lui-même. C'est aussi le cas pour évaluer
la responsabilité en cas de dommages appréciables (art.
8). Par exemple, des substances chimiques toxiques déversées dans un cours d'eau se jetant dans un lac fronta-
lier peuvent causer des dommages de l'autre côté de la
frontière à un autre riverain du lac[14]. Autre exemple, les
dispositions concernant les *Mesures projetées* concernent
les utilisations d'un affluent éloigné d'une frontière
comme celles du cours d'eau dans la région frontalière : il
s'agit, dans les deux cas, d'évaluer si ces mesures auront
« des effets négatifs appréciables pour les autres riverains ». Ceci serait invocable par l'Egypte pour le barrage
sur le Nil Bleu qu'érige l'Ethiopie.

Les règles de Séoul et les propositions de Genève, établies
par l'ADI et l'ILC, définissent les droits et conditions de
répartition des ressources partagées entre riverains d'un
bassin ou d'une rivière dont les sources ou une partie du
cours sont extérieures à leur territoire ou d'un aquifère à

cheval sur une frontière. Elles s'appuient sur la notion de
« bassin intégré », définie ci-dessus, qui permet un total
changement de perspective. Elle tient compte de
l'évolution des techniques et des nécessités écologiques.
Les riverains du Jourdain ne manquent pas de légitimer
leurs positions en les faisant reposer sur certaines
normes du droit international, dont l'une énonce que
« rien dans la convention n'affecte les principes du droit
international affirmant la souveraineté permanente de
chaque Etat sur ses richesses et ressources naturelles ».
La Convention de Vienne de 1978 prévoit deux excep-
tions à ce principe de souveraineté absolue des Etats :
elles concernent les traités portant sur les obligations et
droits réciproques au sujet des frontières, et les traités
les faisant naître sur les territoires. Ce n'est finalement
qu'en 1997, à New York, que les membres de l'Assemblée
Générale des Nations Unies ont donné toute sa valeur à la
notion de bassin intégré avec la « Convention de New
York sur le droit relatif aux utilisations des cours d'eau
internationaux à d'autres fins que la navigation ». Cette
Convention, après avoir élargi la notion de bassin hydrologique aux ressources souterraines, confirme les principes d'utilisation équitable et raisonnable et insiste sur
l'importance pour les États de coopérer pour gérer de
manière intégrée ces cours d'eau. La convention impose
la préservation des ressources et des écosystèmes aquatiques par intégration régionale, pour promouvoir partout le développement durable. Un projet de traité pour

les aquifères transfrontaliers a été adopté en première lecture par la Commission des Nations Unies en juin 2006 et enrichi en 2008 en deuxième lecture[128]. Il définit l'aquifère : « formation géologique souterraine perméable contenant de l'eau dans sa zone saturée, superposée à une couche moins perméable ». Le « système aquifère est une série de deux ou plusieurs aquifères hydrauliquement reliés. Il est transfrontalier lorsque à cheval sur plusieurs Etats ».

La CIPEL et les mesures de la qualité de l'eau[129]

Un exemple d'application de ces règles à des bassins transfrontaliers est celui de la CIPEL, la Commission franco-suisse chargée de surveiller la qualité des eaux du lac Léman, du Rhône et de leurs affluents. Elle coordonne la politique de l'eau à l'échelle du bassin du Léman, informe la population et recommande les mesures à prendre pour lutter contre la pollution. En novembre 2010, le plan d'action 2011-2020, intitulé « Préserver le Léman, ses rives et ses rivières aujourd'hui et demain » a été adopté par l'assemblée plénière de la CIPEL. Le plan 2001-2010, a eu un bilan positif, bien que certains objectifs n'aient pas été atteints. La priorité est donnée à la réduction de micropolluants résultant d'activités humaines, à l'impact négatif sur l'environnement et la santé des populations. Le plan inclut la « renaturation » des

---

[128] Projet d'articles sur le droit des aquifères transfrontières et commentaires y relatifs. Annuaire de la Commission du droit international, 2008, vol.II (2)
[129] Plan d'action de la CIPEL, sur son site www.cipel.org

rives du lac et des cours d'eau et il impose d'évaluer l'impact du changement climatique sur le Léman.

Le cas du bassin du Jourdain

Le statut de fleuve international du Jourdain, les obligations qui en découlent et le partage des eaux ont, pour l'essentiel, été décidés avant que les Etats riverains ne deviennent juridiquement souverains. Ces Etats arguent souvent de cette situation qui leur a été imposée par les autorités mandataires, française et anglaise, pour limiter la portée des engagements pris avant leur indépendance (le problème se retrouve dans le tracé des frontières), ce qui entretient un climat de tensions et finit par maintenir le statu quo, même s'il est contraire à leurs intérêts. Le cadre juridique de l'eau et de sa répartition entre Israël, les Territoires palestiniens et la Jordanie comprend les débuts de droit international reconnus, les traités et accords entre les parties, le droit local et l'usage historique des ressources. Pour bien le comprendre, remontons à 1936, année de gestation du Plan Lowdermilk pour le bassin du Jourdain, publié en 1944[130]. Ce plan utilisait la notion de bassin intégré. Il définissait la répartition des ressources en eaux entre les implantations juives (le Foyer National Juif reconnu par le traité de paix à la fin de la Première Guerre Mondiale et confirmé par la SDN), les communautés arabes de Palestine et le Royaume de Transjordanie, sous contrôle de l'autorité mandataire, la

---

[130]Bible and Soil, Walter Clay Lowdermilk, The Jordan Valley project and the Palestine debate, Rory Miller, Middle Eastern Studies, Vol. 39, No. 2 (Apr. 2003)

Grande-Bretagne. Il eut un début de mise en œuvre tacite lorsqu'il fut repris par le Plan Johnston (envoyé spécial du Président Eisenhower). Israël l'appliqua quant aux quantités d'eaux réparties entre la Jordanie (alors puissance occupante en Judée et Samarie) et Israël.

Autres règlements et jurisprudences internationaux

Certains organismes internationaux développent des textes dont résultent des jurisprudences, par exemple PHI, le Programme hydrologique international de l'UNESCO. Un nouveau projet sur la « gouvernance des eaux souterraines », initié par l'ONU, la FAO et l'AIH, l'Association internationale des hydrogéologues, financé par le Fonds pour l'Environnement Mondial (FEM), a pour objectif de faire comprendre l'importance d'une saine gestion des ressources en eaux souterraines, afin d'inverser la crise mondiale de l'eau. La FAO développe avec l'assistance d'Israël un « cadre global d'action » incluant un recueil des meilleures pratiques de gestion durable des ressources souterraines. Le processus inclut des consultations régionales pour l'acquisition par les experts locaux de connaissances sur les ressources de leur région. La prise de conscience débouche sur un plan de gouvernance coopérative de ces eaux souterraines, accepté par consensus entre les parties prenantes, les décideurs politiques et économiques et les spécialistes. Des ateliers consultatifs régionaux dans les différentes régions du globe s'appuient sur les réseaux des comités nationaux du PHI et d'autres partenaires.

Les aquifères transfrontaliers posent d'autres difficultés juridiques que les bassins de fleuves. Chaque partie invoque d'autres principes du droit international à l'appui de leurs revendications sur l'Aquifère de montagne de Judée Samarie et ses bassins versants. Aucun consensus juridique n'a pu être dégagé, ce qui rend impossible une relation apaisée. Les droits d'Israël, au titre de riverain d'aval et d'exploitant historique des aquifères, et ceux que les Palestiniens tirent de leur position de riverain d'amont, devront être conciliés de manière équitable, en fonction des besoins réels de chaque population. Pour aboutir à un traité engageant les deux parties, la notion de « besoin minimum vital en eau » doit servir de base à la régulation des échanges interétatiques. Ce concept est à la base de la coopération définie dans le Traité de Paix signé entre Israël et la Jordanie en 1994.

L'UE fait campagne pour que le nombre requis d'Etats ratifient la Convention de 1997 afin que celle-ci prenne force de loi internationale. Ses objectifs généraux sont inclus dans un document dit « *Blueprint to safeguard Europe's Waters* », dont les grandes lignes[131] consistent à fixer un « juste prix » de l'eau, répartir les eaux entre les différents usages, investir de manière efficiente, mieux gérer les risques d'inondations, généraliser les pratiques et technologies renforçant l'efficacité de la gestion de l'eau, donner la priorité aux infrastructures permettant

---

[131] *2012, l'année européenne de l'eau* - Riccardo Petrella, IERPE

d'augmenter l'offre, stimuler la diffusion d'une culture de l'épargne hydrique et améliorer les connaissances et la collecte des données.

Au-delà des règles de droit, l'ADI s'appuie sur la jurisprudence internationale sur l'eau : la Commission de l'Oder fait référence à la notion de « communauté d'intérêts », d'autres cas se réfèrent au principe de « non préjudice » d'un Etat envers un autre, invoqué pour refuser, par exemple, le changement de régime de la Meuse dans le conflit entre la Belgique et les Pays-Bas sur l'utilisation de ses eaux, ou pour rejeter la requête de l'Espagne contre la France dans le cas du Lac Lanoux, l'Espagne n'ayant pu faire état d'aucun préjudice subi[132]. Ces principes ont inspiré divers traités élaborés après des conflits ou suite à la décolonisation. Exemples : la Convention de l'Elbe et celle du Niémen en 1919, le traité de Washington entre les USA et le Mexique en 1944 pour l'utilisation des eaux du Colorado, du Rio Tijuana et du Rio Grande, la convention du Danube en 1948, celle du Mékong entre ses riverains suite à la décolonisation de l'Indochine, celle du Bassin du Niger en 1963, celle de l'Indus entre l'Inde et le Pakistan en 1960, celle du Sénégal et du Bassin du Tchad en 1964. Partout, les Etats se reconnaissent et signent des accords pour s'entendre. C'est le problème de la plupart des pays arabes. L'usage du Chatt-el-Arab a été la cause de la guerre entre l'Iran et l'Irak. Le conflit sur

---

[132] « Le Droit International de l'Eau existe-t-il ? », par J. Sironneau, nov. 2002 – Ministère de l'Ecologie et du Développement durable.

l'usage de l'eau entre la Turquie et les pays riverains du Tigre et de l'Euphrate perdure, malgré les propositions turques d'un « aqueduc de la paix ». Le conflit sur les eaux du Nil entre l'Ethiopie, le Soudan, l'Egypte et les autres riverains aurait dû se résoudre au sein de la Commission du Nil ; seuls 2 Etats sur 9 y siègent[133]. Le refus de reconnaître Israël par des riverains du bassin du Jourdain a aussi empêché la signature d'un accord de bassin, maintes fois proposé par Israël.

Parmi les principes applicables, il faut mentionner le droit coutumier reconnu dans les cultures régionales (la « common law » du droit anglais), qui a servi de base aux usages historiques. Les Etats ne suivant pas les principes de l'ADI s'inspirent souvent de pratiques coutumières. Ce sont les droits de ceux qui ont mis en exploitation des ressources en eau. En droit international, comme en droit national, la coutume répond à la définition élaborée dans la théorie générale du droit. En conséquence, il est admis que la coutume internationale se fonde sur la conduite continue des Etats et sur leur conviction que cette règle est une norme juridique. Une coutume internationale peut être soit de caractère général et tous les Etats sont

---

[133] Le nouvel Etat du Soudan du Sud, créé en 2011, allié à Israël, ne se sent pas lié par les accords signés en 1959 entre l'Egypte et le Soudan sur les eaux du Nil. C'est pour l'Egypte, suite au renversement de Moubarak, une menace, car en amont, Israël entretient des bonnes relations avec le Kenya, l'Ethiopie, le Rwanda et même l'Erythrée. Nouvelle géopolitique de l'eau au Proche-Orient, Pierre Berthelot, Questions internationales no 53 – Janvier-février 2012

tenus de l'observer, soit de caractère particulier et seuls certains doivent s'y plier. Pour les ressources partagées, la règle générale limitant les droits des Etats respectifs est clairement affirmée par les règles coutumières. Elle est reconnue par la Cour internationale de justice dans sa décision sur la compétence territoriale de la Commission Internationale de l'Oder.

Droits historiques au Moyen-Orient

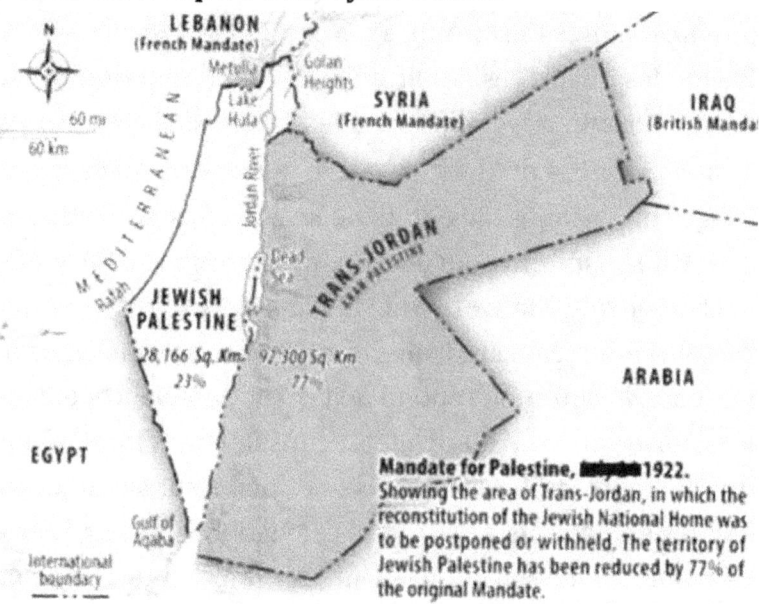

Mandate for Palestine, ██████ 1922.
Showing the area of Trans-Jordan, in which the reconstitution of the Jewish National Home was to be postponed or withheld. The territory of Jewish Palestine has been reduced by 77% of the original Mandate.

La base légale de la souveraineté israélienne résulte du mandat donné en 1920 à la Grande-Bretagne par la SDN de faire de <u>toute</u> la Palestine un Etat juif. Elle fut très vite amputée de 77% de son territoire, la Transjordanie, qui devint un Etat séparé. Cette création ex nihilo d'un Etat nouveau par le mandataire britannique contredisait les engagements formels de son mandat d'œuvrer pour la création du « Foyer National Juif » dans toute la Palestine, confirmés par la conférence de la Paix de Versailles. Cette nouvelle carte a néanmoins été soumise en 1922 à la SDN qui l'a enregistrée. Israël et le royaume de Jordanie, nom pris par la Transjordanie, ont, depuis, signé un traité de paix. Celui-ci remplace le mandat de la SDN et prend force de loi internationale. Les autres décisions de la SDN restent valables légalement puisque la charte de l'ONU prévoyait que **tous les droits acquis par décision de la SDN étaient reconduits**. La décision de partage de 1947 n'a jamais été acceptée par les pays arabes et donc jamais mise en œuvre, elle ne remplace donc pas, en droit, les décisions de la SDN[134].

Parmi les règles historiques figure le droit musulman appliqué par l'Empire Ottoman, car plusieurs de ses règles, en particulier celles concernant la propriété foncière, sont toujours en vigueur dans l'ensemble de la Palestine historique : Israël, Territoires administrés par l'AP et Jordanie. L'ensemble des règles de partage et d'attribution de l'eau a longtemps constitué une réponse raisonnable à l'éternel problème de sa rareté. Cela se trouve aussi dans les principes de la shari'a hérités de l'ancienne « loi sur l'eau » du régime ottoman, en vigueur jusqu'au mandat britannique sur la région. La loi égyp-

---

[134] Il faut noter que les deux décisions de la SDN incluaient le Golan dans le territoire de la Palestine juive. Il en a été retiré par un accord franco-anglais illégal, car en contradiction avec les mandats respectifs de ces 2 puissances coloniales.

tienne, appliquée à la Bande de Gaza, est différente. Quatre règles coutumières encore en vigueur permettent d'éclairer certains comportements concernant l'eau. Tout d'abord, c'est un don du Ciel et, à ce titre, il serait indécent qu'elle fasse l'objet de titres de propriété : elle appartient à la communauté, ce qui se manifeste dans le *shafa* (droit de boire) qui concerne hommes et troupeaux (d'où difficulté de faire admettre que l'eau a un prix) [135]. En second lieu, la valeur ajoutée du travail fait naître un droit de propriété individuelle. Cela concerne les retenues d'eau (dans des réservoirs, des ouvrages hydrauliques, des réseaux de dérivation) et les installations d'irrigation (*shirb*). D'où des problèmes de frontières, car l'eau devrait appartenir à celui qui en a besoin. Le troisième grand principe est celui qui accorde le droit de propriété sur l'eau au premier à en avoir eu l'usage et auquel incombe, de ce fait, le devoir de redistribuer le surplus. Ce principe, quelque peu contradictoire avec le premier, explique que personne ne désire céder : Arabes et Israéliens affirment être les premiers habitants de ces terres. Les textes sacrés seraient le socle sur lequel se bâtiraient les identités territoriales. L'affirmation des Palestiniens d'être les premiers habitants de ces terres est en contradiction avec la réalité historique, attestée par les innombrables vestiges archéologiques et par la description qu'en donne le Coran, qui parle de la « terre

---

[135] J. Barry, « Une marchandise pas comme les autres », *Le nouveau courrier de l'Unesco*, n° 3, oct. 2003

des Juifs ».   Enfin, la responsabilité en cas de mauvais usage, de retenue excessive, de dégradation, ou de pollution de l'eau, incombe aux fautifs. Ces grands principes se retrouvent dans le *Majalla* (Code Civil ottoman) ainsi que dans les « lois sur la terre » de 1858, qui les confirment et les consolident. A côté de ces règles, existe également le droit de « propriété libre» (*mubah*), l'équivalent local du domaine public, qui réglementait les eaux sur lesquelles aucun titre de propriété durable ne pouvait être établi et qui garantissait aux communautés villageoises ou tribales des droits sur certaines ressources (*musha*). Il faut rappeler qu'aux termes de l'article 43 de la Convention de La Haye, il y a « obligation de respecter les lois en vigueur dans un territoire au moment de sa prise de contrôle par un Etat ». Donc, les lois coutumières et celles de la puissance mandataire britannique sur les eaux en Cisjordanie, en place quand la Jordanie gérait le territoire, restent applicables par Israël au moment de sa prise de contrôle du territoire en 1967. C'est dans le respect de cette convention qu'Israël gère ces eaux. Les seules modifications autorisées à cette règle sont celles résultant d'accords internationaux signés et des accords passés entre Israël et l'AP.

Accords internationaux

Plusieurs tentatives pour la mise en place d'une coopération régionale entre les riverains du Jourdain pour un système hydrique équitable et efficace ont eu lieu. Elles

ont toutes échoué suite au refus de la partie arabe de négocier avec Israël.

L'un des premiers plans fut le Plan Franghi, établi sous
l'égide du gouvernement de l'Empire Ottoman en 1913. Il
proposait d'utiliser le Jourdain pour l'irrigation et la production d'électricité. Il fut abandonné après la première
guerre mondiale, en 1920 quand le Traité de San Remo
amputa la Palestine historique de la zone sud du Litani,
allouée au Liban sous mandat français (suite aux accords
Sykes-Picot entre la France et la Grande-Bretagne) [136].

Report de la situation actuelle sur la carte

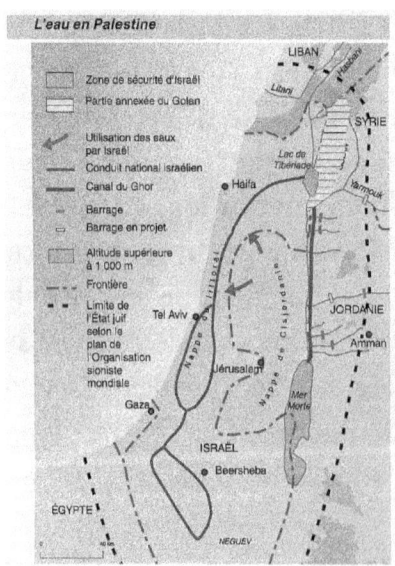

---

[136] Le partage impossible des eaux du Jourdain : plans et contre-plans, le film
d'un échec - Gaël Bordet - janvier 2002 - Georges Franghi responsable des
Travaux publics en Palestine proposa de détourner le Yarmouk pour qu'il se
jette dans le Lac de Tibériade, afin qu'il lui serve de réservoir, et de creuser un
canal d'un débit de 100 millions de m³ par an pour irriguer la vallée du Jourdain.

Une variante du plan Franghi fut reprise en 1942 dans un accord concernant la Compagnie d'électricité Rutenberg, exploitant un barrage hydro-électrique sur le Jourdain, entre l'Agence Juive (l'Autorité sioniste de Palestine reconnue par la puissance mandataire et la SDN) et les ingénieurs libanais. Cet accord prévoyait la dérivation de 1/7ème des eaux du Litani vers la Galilée, en échange de quoi le gouvernement sioniste produirait de l'électricité pour le Liban. En 1944, les Etats-Unis recommandèrent le Plan Lowdermilk[137], qui proposait l'irrigation du Néguev avec les eaux du Jourdain et du Litani. Il définissait la répartition équitable des eaux entre les riverains du bassin du Jourdain et incluait le remplissage de la Mer Morte à l'aide d'un canal venant de la Méditerranée, ce qui rejoignait la vision prophétique de Théodore Herzl[138]. Le Plan Lowdermilk fut refusé par les Anglais, qui ne cherchaient pas à remplir la mission de favoriser le développement de l'entité juive en Palestine que leur avait confié la SDN, puis il tomba en désuétude parce qu'il impliquait une collaboration israélo-arabe, refusée par tout le monde arabe après la guerre d'indépendance d'Israël de 1948-49. Néanmoins, la partie concernant l'irrigation du Néguev à partir du Lac de Tibériade fut mise en œuvre par Israël, en appliquant les quotas de répartition que le plan Lowdermilk accordait à l'entité juive. D'autres plans s'en

---

[137] Walter Clay Lowdermilk, Palestine, Land of Promise - London 1945.
[138] Théodore Herzl – "Altneuland – La pays ancien-nouveau" et "Der Judenstaat - L'Etat juif"

inspirèrent. Celui qui eut l'impact le plus significatif fut le Plan Johnston (aussi appelé Plan Unifié) : en 1956, le Président Eisenhower envoya au Moyen-Orient l'Ambassadeur Eric Johnston pour négocier une répartition équitable des eaux du bassin du Jourdain. Le plan Johnston fut négocié avec les techniciens, puis accepté par Israël. L'Etat juif autorisait le stockage dans le lac de Tibériade de l'eau du Yarmouk en excédent de celle qui servait à l'irrigation par le canal de Ghor. Les Israéliens renonçaient à revendiquer leur quota sur les eaux du Litani. En contrepartie, les Arabes acceptaient que le lac de Tibériade leur serve de réservoir et permettaient à Israël de réaliser des travaux de dérivation des eaux du Jourdain vers le Néguev. Le Plan Johnston était le résultat d'une série de négociations indirectes entre les riverains. Il résolvait la question de la répartition équitable des eaux du bassin du Jourdain, en utilisant le Lac de Tibériade comme réservoir. Approuvé par les comités techniques des pays concernés, il ne fut jamais ratifié car aucun Etat de la Ligue Arabe n'accepta de signer un accord avec Israël, qui aurait été compris comme une reconnaissance formelle[139]. Malgré le rejet par les Etats arabes, la Jordanie et Israël coopérèrent avec les Américains, réalisant chacun leur part du plan Johnston, en particulier la répartition des eaux entre Israël, la Jordanie et les Palestiniens

---

[139] La Jordanie à l'époque occupait la Cisjordanie et représentait les intérêts des Palestiniens, même si sa mise en œuvre ne leur apporta rien, car la Jordanie n'investissait pas en Cisjordanie.

arabes (après que la Cisjordanie soit passée sous administration israélienne). En 1964, Israël acheva le Grand aqueduc national qui, à partir de pompages dans le lac de Tibériade, interconnecta les réseaux des eaux sur l'ensemble du territoire, jusqu'au Néguev, lequel put être irrigué et mis en valeur. La Jordanie, alimenta le canal de Ghor avec les eaux du Yarmouk et développa l'agriculture irriguée dans la partie orientale de la vallée du Jourdain.

Les accords d'Oslo, puis les accords entre Israël et l'AP découlant d'Oslo, ont permis de définir un modus vivendi reconnu par les deux parties comme provisoire jusqu'à la signature d'un accord de paix définitif. Aujourd'hui les deux parties s'accordent sur le fait qu'un accord définitif sur l'eau ne surviendra que dans le cadre d'un règlement final du conflit. Un accord de coopération qui a abouti est celui inclus dans le traité de paix entre la Jordanie et Israël. Les coopérations prévues dans les accords israélo-palestiniens sont seulement partiellement mises en œuvre, surtout au plan local, mais l'AP, respecte peu les obligations prévues dans ces accords.

Accord informel de 1993 et accords de Taba en 1995

Les principes d'utilisation raisonnable et équitable de l'eau et de coopération sont reconnus dans le volet *Eau* de l'accord intérimaire de Taba (résultant des Accords d'Oslo), signé le 28 septembre 1995 entre l'AP et l'État d'Israël. Cet accord établit des principes de coopération pour le développement des ressources en eaux et des infrastructures (adduction, collecte et traitement des eaux usées). Cette coopération inclut l'échange de toutes les données pertinentes, telles que cartes, études géologiques et rapports sur l'extraction et la consommation. Il est fondamental pour les Palestiniens, qui ne disposaient auparavant que de très peu d'informations sur leurs propres ressources. Cet accord prévoyait la création d'un Comité conjoint sur l'eau (JWC – *Joint Water Committee*) chargé de la supervision des ressources communes, des groupes de travail chargés de la coopération et un groupe de travail multilatéral (rassemblant des spécialistes israéliens, palestiniens et jordaniens) devant élaborer les clauses sur l'eau à inclure dans l'accord sur le statut définitif. Ce groupe de travail multilatéral comprend des consultants américains ou d'autres pays financeurs.

Mise en œuvre des accords israélo-palestiniens

Les prélèvements autorisés sur les aquifères ont été définis dans l'accord.

En Judée Samarie (la région appelée en anglais *West Bank* et en français *Cisjordanie*), les clauses des accords d'Oslo et Taba ont été mises en œuvre dès 1995, même au cours des périodes d'*Intifada*. Dans l'accord de 1995, il était défini que, quand les besoins des Palestiniens croitraient, leur allocation passerait de 70 à 80 M m³ (dont 5 millions pour Gaza), prélevés pour 28,6 M m³ sur les réserves israéliennes, le solde étant pompé sur l'aquifère Est.

A Gaza, les réseaux de distribution des eaux et le traitement des eaux usées avaient été transférés à l'AP en 1994, à l'occasion des accords Gaza-Jéricho. L'accord de

1995 incluait le transfert à l'AP de 5 M m³ additionnels. En 2005, à l'occasion du retrait des Israéliens de Gaza, le réseau de distribution d'eau du *Goush Katif* (ensemble des villages israéliens de la Bande de Gaza) et les autres infrastructures ont été laissées en état de marche sous la responsabilité de l'AP, qui les a laissé détruire aussitôt par ses militants.

L'exploitation du réseau devait être faite selon les règles de l'art, ce qui impliquait le traitement des eaux usées et les précautions nécessaires contre la pollution des puits. Afin de réaliser ces projets, le JWC a constitué 4 sous-groupes : *Economie*, *Hydrologie* en charge du percement de nouveaux puits (il en a autorisé 70, dont la moitié a été réalisée par l'AP), *Ingénierie* en charge de la pose des conduites d'eau (il a installé plusieurs centaines de kilomètres de tuyauteries, des piscines de stockage et des stations de pompage) et *Rejets et traitement des eaux usées*, le seul à n'avoir pas rempli sa mission (1 seule station de traitement est opérationnelle dans les Territoires administrés par l'AP). La plupart des projets acceptés par les groupes de travail et le JWC sont financés par des pays donateurs. Depuis 1995, selon les accords signés à cette date, les installations palestiniennes sont gérées par la compagnie nationale de l'AP, et celles des villages israéliens en Cisjordanie par Israël. Certains, raccordés en 1995 au réseau palestinien, en ont été débranchés et raccordés au réseau israélien. Les relevés de compteurs mesurant les quantités d'eau fournies par Israël à l'AP

sont faits mensuellement et les factures établies en conséquence. Le prix de l'eau est parfois source de dispute :
les Israéliens fixent le prix en fonction du coût moyen des
eaux fournies. Ceci est contesté par la Direction des eaux
de l'AP (PWA). Ce fut le cas l'été 2012 où le DG de PWA,
Shahad al-Attili, a protesté contre une augmentation de
0,52€ imposée par Israël, portant le prix à 0,77 €/m^3.
Pour autant, il reconnaissait que les problèmes de distribution de l'eau en Cisjordanie provenaient surtout d'une
mauvaise gestion des réseaux. Il affirma dans une inter-
view à l'agence palestinienne de presse Ma'an, que les
Israéliens lui avaient livré moins d'eau en 2011 qu'en
1995. Les statistiques officielles montrent le contraire,
même si les problèmes locaux existent, comme en juin
2012 dans une quinzaine de villages autour de Bethléem.
Le PWA affirmait que c'était dû à la non-réactualisation
des accords pour tenir compte de la croissance des
populations. Dans un rapport publié en 2009, la responsable locale d'Amnesty International, Donatella Rovera,
refusait les accords signés par les Palestiniens, condam-
nant le fait qu'Israël n'autorise qu'un accès partiel aux
ressources en eau des territoires palestiniens. Les
chiffres publiés dans ce rapport étaient erronés. L'ONG
affirmait que les Palestiniens ne disposaient que de
70 litres d'eau par personne par jour, alors que les Israéliens en auraient eu 300. Le chiffre concernant les Israéliens était une moyenne incluant la consommation agricole. Celui concernant les Palestiniens couvrait la seule

consommation des ménages[140]. En réalité, tous les objectifs fixés dans les accords pour la partie israélienne ont
été réalisés et, en 2008, la fourniture d'eau aux Palestiniens avait dépassé les 200 M m^3.

Article 40 des accords de Taba : Eaux et égouts
Israël reconnaît les droits des Palestiniens de Cisjordanie
sur l'eau. Ceux-ci seront inclus dans les négociations sur
le statut final et ce qui concerne l'ensemble des sources
d'eau sera réglé dans l'accord sur le Statut Permanent.
Les deux parties reconnaissent la nécessité de développer des ressources additionnelles en eau. Tout en respectant les pouvoirs et les responsabilités de chacun dans sa
zone respective, les deux parties s'accordent sur la coordination du management de l'eau et des égouts en Cisjordanie durant la période intérimaire, en respectant les
principes suivants : 1 - le maintien des niveaux actuels
d'usage de l'eau, incluant les quantités additionnelles que
les Palestiniens tireront du Bassin Est et d'autres sources
définies dans cet accord. 2 – ajustement de l'usage selon
les conditions climatiques et hydrologiques changeantes
afin de prévenir la détérioration des ressources et d'en
assurer la durabilité et la qualité. « Les parties prendront
les mesures nécessaires afin d'éviter tout dommage aux
ressources, systèmes hydriques et égouts dans leurs
zones respectives. Elles s'engagent à traiter, réutiliser et

---

[140] PA and Israel negotiate over Palestinian water shortage, Israel Hayom, juin 2013

éliminer proprement tous les effluents domestiques, urbains, industriels et agricoles, à gérer les systèmes de
production et de distribution d'eau et ceux des égouts de
manière coordonnée. Chaque partie doit appliquer les
termes de l'accord à toutes les ressources et à tous les
systèmes dans leurs zones respectives, y compris ceux
exploités par des entreprises ou personnes privées. En
application de l'accord, les Israéliens ont transféré à la
partie palestinienne les pouvoirs et responsabilités en
matière d'eaux et d'égouts en Cisjordanie pour tout ce qui
concerne la population palestinienne. La propriété des
infrastructures hydriques et des égouts en Cisjordanie
sera traitée dans les accords définitifs.

Israéliens et Palestiniens sont d'accord sur les besoins en
eau de la population palestinienne et les Israéliens aide-
ront l'autorité palestinienne de l'eau en lui fournissant
28,6 M m³/an et en finançant les investissements pour
les acheminer. Les Palestiniens s'engagent à respecter les
bonnes pratiques de gestion des nappes phréatiques et
des rivières, en particulier en généralisant le traitement
des eaux usées avant rejet dans la nature ». Ce que l'AP
respecte peu.

Traité de paix Israélo-jordanien de 1994

Le traité de paix signé le 26 octobre 1994 par la Jordanie
et Israël a réglé la question de l'eau entre ces deux États.
Le traité reconnaît le principe d'utilisation raisonnable et
équitable : il y est stipulé que « les Parties s'engagent à ce
que la gestion et le développement de leurs ressources en

eau ne porteront pas atteinte aux ressources de l'autre
Partie ». Elles s'engagent à coopérer en matière
d'échanges de données et de recherche et développement
pour tout ce qui a trait à l'eau. Israël et la Jordanie ont
convenu de la répartition des eaux du Jourdain et du
Yarmouk, ainsi que des nappes souterraines de l'Arava et
d'Aqaba. Israël a accepté de transférer vers le Jourdain
50 M m^3/an à partir du nord du pays, pour usage par les
Jordaniens. Les deux pays ont accepté de pallier ensemble au manque d'eau en développant les ressources
existantes et en rationnalisant la consommation. Ce traité
a été complété par un accord sur la protection de
l'environnement signé en 1995. Même s'il n'a pas encore
été ratifié, ses clauses sont appliquées sur le terrain.

Un autre accord a été signé entre Israël et la Jordanie en
été 2013, toujours dans le cadre du traité. Selon ce nouvel
accord, la Jordanie vendra à Israël une partie de la production de l'usine de dessalement qu'elle construit sur
les bords de la Mer Rouge. En échange, Israël lui fournira
une partie de l'eau du Lac de Tibériade, économisant ainsi à la Jordanie les coûts de transport vers le nord. Cet
accord complète aussi l'accord entre les deux pays sur la
réhabilitation du Jourdain pour laquelle Israël retournera
150 millions de m^3 par an au fleuve.

Accord tripartite entre Israël, la Jordanie et l'AP
La Déclaration de Principe pour la Coopération signée en
1996 sur l'eau est un accord multilatéral entre Israël, la
Jordanie et l'AP. Cet accord est l'aboutissement des négo-

ciations conduites dans le cadre du groupe multilatéral sur l'eau (défini dans les accords de Taba, voir ci-dessus) et il entérine le projet de bases de données communes sur l'eau défini en 1994. Il prévoit la participation de scientifiques et d'experts techniques des riverains des bassins hydrologiques.

5.   Contexte Géopolitique

« L'eau est le regard du monde » disait Paul Claudel. Au 21ème siècle, le manque d'eau potable résulte le plus souvent d'une carence politique[141]. C'est bien le cas au Moyen-Orient. Il faut y distinguer entre les relations israélo-palestiniennes, israélo-jordaniennes, tripartites et l'influence de pays comme le Liban, la Syrie, la Turquie, l'Egypte, et celle des bailleurs de fonds, (UE, USA, Pays du Golfe, Japon). « Voies naturelles de circulation, réservoirs de ressources et d'énergie, frontières aussi, les fleuves jouent un rôle essentiel dans les relations entre les peuples et les États du Proche-Orient, les rapprochant autant qu'ils les séparent[142] ». Ce commentaire de Pierre Berthelot s'applique à l'ensemble du Bassin du Jourdain, à ses eaux de surface ou souterraines. Dès ses origines, le mouvement sioniste a proposé aux riverains du Jourdain de coopérer pour une exploitation conjointe. Depuis la guerre des Six Jours, où Israël a pris le contrôle de la Cisjordanie et de la Bande de Gaza, occupées alors, respectivement, par la Jordanie et l'Egypte, une certaine collaboration sur le terrain s'est mise en place entre les autorités responsables de l'eau d'Israël, de la Jordanie, de l'AP, formalisée dans des accords et, en ce qui concerne la Jordanie, dans un traité de paix.

---

[141] Professeur Mohamed Larbi Bouguerra, UNESCO, 27 juin 2011
[142] La géopolitique de l'eau au Moyen-Orient, Pierre Berthelot, janvier-février 2012, *Questions Internationales*

Pour comprendre le contexte politique, il faut considérer la position israélienne, son analyse stratégique et géopolitique de l'eau, les positions respectives des parties dans les négociations, les accords et traités signés et la manière dont ils sont appliqués. Il faut surtout aller au delà de l'affirmation favorite des médias, celle de la « guerre de l'eau », dont on peine à voir l'existence sur le terrain. Un des points controversés est le statut des territoires de Cisjordanie. Pour les Palestiniens, suivis par bien des médias, la Cisjordanie serait un « territoire palestinien occupé ». Mais ce vocable simple ne tient pas compte du droit : le terme juridique exact est « territoires disputés » car il n'y a jamais eu de « souveraineté palestinienne »[143]. La Cisjordanie, annexée par la Jordanie en 1949, a été sous sa souveraineté jusqu'en 1967. La Jordanie y a renoncé en 1988. La Cisjordanie est passée sous contrôle israélien en 1967. Au regard du droit international, la souveraineté étatique est alors revenue à Israël. Puis, une partie du territoire de Cisjordanie est passée sous souveraineté palestinienne suite aux accords d'Oslo et de Taba. Le reste demeure « territoire disputé », où Israël exerce légalement la souveraineté étatique, jusqu'à l'accord de statut final à négocier entre les parties. Une commission comprenant trois juges, dont un de la cour suprême, donc indépendante du pouvoir exécutif, nommée pour étudier le statut légal des territoires, est arrivée à ces conclusions

[143] Maître Bertrand Ramas-Mulhbach © 2011 LESSAKELE

en se fondant sur la Conférence de San Remo de 1920 et sur les termes du mandat sur la Palestine donné en août 1922 par la SDN au Royaume-Uni. Il couvrait l'ensemble du territoire de la Palestine ottomane : les territoires entre la Méditerranée et le Jourdain, la Transjordanie et le Golan. Selon ce mandat « le peuple juif avait le droit de s'installer en Palestine, sa patrie historique » et la puissance mandataire devait « tout mettre en œuvre pour lui permettre d'exercer ce droit ». En 1945, le principe de reconnaissance des droits étatiques établis par la SDN a été affirmé dans la charte de l'ONU. L'article 80 de celle-ci a donné le droit au peuple juif de s'installer sur l'ensemble des terres de Palestine, hors la Transjordanie soustraite au Foyer National Juif par les Britanniques pendant leur mandat. Un juge de la Cour Internationale, M. El-Araby (nommé par l'Egypte), a insisté pour que les effets légaux de la SDN et du mandat britannique soient pris en compte dans toute décision sur le statut légal des territoires de Cisjordanie. La gestion des ressources en eau en Cisjordanie par les Israéliens est donc légitime juridiquement, au regard du droit international.

La gestion des eaux est depuis toujours une question de sécurité nationale pour Israël. 57% des ressources en eau de l'État juif viennent de nappes phréatiques et de sources situées hors les lignes d'armistice d'avant 1967. Le Liban, la Syrie et la Jordanie ont planifié des canaux de dérivation des affluents du Jourdain, hors de toute négociation, puisque le principe même d'une négociation était refusé par tous les pays de la Ligue Arabe[144]. Entre 1965 et 1967, plusieurs opérations militaires israéliennes ont détruit les chantiers en Syrie afin de contrer ces projets qui seraient venus limiter les ressources hydriques revenant de droit à Israël et qui auraient créé une pénurie considérable dans ce pays. C'est dans ce contexte régional très tendu qu'a eu lieu, en juin 1967, la guerre des Six jours. Pour Israël, les gains territoriaux de cette guerre ont dessiné le contexte hydro-politique que le pays connaît aujourd'hui. Avec le Golan, occupé avant par la Syrie, c'est toute la rive orientale du Kinnereth et d'autres sources du Jourdain qui ont basculé sous l'autorité israélienne et, en Cisjordanie, cela a donné aux Israéliens l'accès à toute la rive droite du Jourdain et le contrôle effectif des nappes souterraines. De 1967 à 1995, Israël a été le seul gestionnaire des ressources en eau et de leur distribution, aux Israéliens comme aux Palestiniens.

La démographie

Pas de développement démographique sans eau. Dès la préhistoire, les groupes humains se sont développés autour des points d'eau. Quand une population importante était sédentarisée, c'est qu'il y avait de l'eau à cet endroit. La démographie est liée aux ressources en eau. Les films qui évoquent des scènes de l'époque de Jésus montrent

---

[144] A l'issue de la Guerre des Six Jours en juin 1967, Israël a proposé, à la tribune de l'ONU, de rendre les territoires qu'il avait conquis en échange de la paix. La Ligue Arabe, réunie à Khartoum, répondit par « les trois NON » : non à la paix avec Israël, non à la négociation avec Israël, non à la reconnaissance d'Israël.

des campagnes peuplées, des villes grouillantes de monde. Rien qu'en Judée, il y avait au début de l'ère chrétienne de 1 à 6 millions d'habitants (selon les sources). L'agriculture était riche et variée et permettait de les nourrir tous. Pourtant, les observateurs rapportent tous que la terre était désertique en 1800. L'historien Bernard Lewis, spécialiste de l'Empire Ottoman, a estimé sur la base de registres officiels la population de la zone de Palestine au XVIe siècle, au début du règne ottoman, à 300 000 âmes. Comment est-on passé d'une terre florissante portant des millions d'habitants à cette désolation ? Que s'est-il passé ?

En fait, plusieurs cataclysmes : les Romains, puis, quelques siècles plus tard, les Croisés ont massacré les habitants juifs. En 1255, ce sont les Mongols qui ont détruit les villes de la région. Puis les Mamelouks, maîtres du Proche-Orient, ont fait de la contrée une zone tampon en friche entre la Turquie et ses éventuels envahisseurs. Enfin, la peste noire a tué 30 à 70% de la population restante. En 1893, il y avait dans toute la Palestine historique 530 000 habitants : 476 000 Arabes et 60 000 Juifs palestiniens[145]. La région était toujours en friche, les sources d'eau inaccessibles, perdues. Les voyageurs aux XVIIIe et XIXe siècles, évoquent tous « un pays vide », notion contestée par des auteurs du XXIe siècle[146]. Le

---

[145] Yakov Faitelson, réunion et "The Politics of Palestinian Demography", Middle East Quarterly Spring 2009, pp. 51-59, et (Gurfinkiel, Morris)
[146] Noam Chomsky en particulier

gouvernement ottoman décida dès 1870 de compenser l'immigration juive en attirant une immigration musulmane. La présence d'une importante population juive est signalée pendant l'époque ottomane, elle est majoritaire à Jérusalem depuis le début du XVIIe siècle. Selon Lewis, près d'un quart de la population était concentré dans six villes : Jérusalem, Gaza, Safed, Naplouse, Ramleh et Hébron[147]. Les autorités locales de ces centres urbains jouissaient d'une large autonomie vis-à-vis du Sultanat. En 1850, la population de Palestine, qui incluait la Transjordanie (la Jordanie actuelle), avoisinait 350 000 habitants, selon les chiffres d'Alexander Schölch, spécialiste du Moyen-Orient moderne à l'université d'Erlangen en Allemagne. Pour sécuriser la région contre les attaques incessantes de Bédouins, l'empire ottoman a fait venir la dernière tribu juive vivant en Arabie saoudite et l'a forcée à se convertir à l'islam. Dès 1880, le mouvement sioniste amena une forte immigration juive et des investissements dans la communauté nationale juive en Palestine, qui deviendra l'Etat d'Israël. Au début du XXe siècle, la zone de Palestine connut, en conséquence, un dévelop-

---

[147] *Palaestina ou "Voyage en Palestine"*, œuvre écrite en 1695, par Hadrian Reland, cartographe, géographe, philologue et philosophe hollandais. Rédigé en Latin il a été publié en Français en 1714 aux Editions Brodelet. C'est une référence pour les populations des villes de la Palestine de l'époque. On y voit, par exemple, que Gaza était une ville judéo-chrétienne à l'époque.

pement économique qui attirait les travailleurs arabes et ce pendant tout le mandat britannique (1920-1948). Ce fut une migration économique, pas de peuplement comme l'immigration juive. En 1922, le premier recensement officiel des autorités mandataires mesura la population musulmane à environ 600 000 individus. L'expert en démographie Sergio Della Pergola estime qu'à l'aube de la création d'Israël, en 1947, près de 1,2 million d'Arabes vivaient sur le territoire sis à l'ouest du Jourdain. Cette croissance de 400% en un siècle résulte de ces vagues d'immigrants en provenance des provinces de l'Empire Ottoman, Syrie, Irak, Liban et Egypte, passées sous domination française et britannique à la chute de l'empire turc. La province syrienne du Hauran (entre la Jordanie et le Mont Hermon) connut une sévère famine dans les années 1920. Ce fléau causa un mouvement massif de population (incluant les Juifs) vers la Palestine en plein développement. Une grande partie des Arabes palestiniens actuels sont issus de cette immigration.

En 1931, les Anglais dénombrèrent plus de 50 langues parlées entre Méditerranée et Jourdain. Les patronymes que portent certains Palestiniens (Masri « Egyptien », ou El Soudi « le Saoudien ») illustrent les origines variées des autochtones. La Palestine du mandat britannique était trois fois plus grande que l'Israël actuel, avant que les Britanniques fassent cadeau à Abdallah de la partie trans-Jourdain.

La démographie est un enjeu de propagande et de légiti-
mation ou délégitimation. Des discours partisans s'en
servent pour montrer que soit les Juifs, soit les musulmans, n'ont aucun lien historique avec la Palestine. C'est
oublier, par exemple, que la région centrale de Palestine
s'appelle Judée et témoigne de l'ancien royaume juif qui
portait ce nom. C'est oublier aussi la construction sur
l'emplacement des ruines du Temple juif de la mosquée
du Mont du Temple, qui témoigne de l'intérêt de l'islam
pour la ville, identifiée, après la mort du prophète,
comme celle où il se rendit en rêve. Les Juifs, persécutés
en terre chrétienne ou musulmane ont toujours rêvé de
revenir sur les lieux de leur ancien royaume détruit par
les Romains. Jusqu'au XIXe siècle, ils furent peu nombreux à pouvoir concrétiser ce rêve. Les musulmans ne se
sont attachés à cette terre que ponctuellement, lorsqu'elle fut l'enjeu de combats avec les Chrétiens lors des
Croisades. Elle est vite tombée en désuétude après. Les
massacres et les épidémies ont fait le reste. Aujourd'hui,
la région de la Palestine mandataire est peuplée de plus
de 16 million d'habitants : 8 [148] en Israël, entre 1,5 et 2
dans les Territoires Palestiniens, 7 en Jordanie (majeure
partie de ce qu'était la Palestine du début du XXe siècle).
De 530 000 à 16 millions en 120 ans : cela n'a été possible que grâce au développement économique permis
par la maîtrise de l'eau.

---

[148] Recensement de début 2013

La population de Jérusalem depuis le début du XIXème siècle
Sources : Empire Ottoman, Gde Bretagne, Israël

Année	Juifs	Musulmans	Chrétiens	Total
1844	7120	5000	3390	15,510
1876	12,000	7560	5470	25,030
1896	28,112	8560	8748	45,420
1922	33,971	13,411	4,699	52,081
1931	51,222	19,894	19,335	90,451
1948	100,000	40,000	25,000	165,000
1967	195,700	54,963	12,646	263,307
1980	292,300	?	?	407,100
1985	327,700	?	?	457,700
1987	340,000	121,000	14,000	475,000
1990	378,200	131,800	14,400	524,400
1995	482,000	164,300	16,300	662,600
1996	421,200	?	?	602,100
2000	448,800	208,700	?	657,500

Estimations de la population palestinienne

Le nombre de Palestiniens est sujet à controverse et les chiffres sont très contradictoires selon les sources. Les gouvernements palestiniens (Hamas à Gaza et AP en Cisjordanie) ont peu de ressources autres que l'aide internationale. Leur sous-sol est pauvre. Leur communication a diverses cibles. Peu importe le manque de cohérence entre les messages contradictoires : la poussée démographique en même temps que le « génocide lent » dont on accuse Israël. Cette communication vise parfois des cibles économiques et les médias montrent alors des « villas de luxe, des hôtels chics, des femmes qui arborent des sacs Vuitton », ou « le quartier résidentiel huppé de Masyoun, où des villas de luxe se vendent jusqu'à 1 M € »[149]. Une classe riche s'affiche sans complexe à Ramallah et à Gaza, donnant une autre image de la Palestine, promue « État observateur à l'ONU». « Une frénésie d'investissements et de consommation s'est emparée de Ramallah, où les restaurants et les tours de bureaux poussent comme des champignons ». Devant ces messages contradictoires, le chercheur doit comparer des données très éloignées selon qu'il consulte les sites de l'AP, les blogs propalestiniens, les sources universitaires israéliennes, américaines, européennes, palestiniennes, l'ONU ou la CIA. Le gouvernement israélien s'est engagé dans les accords signés avec les Palestiniens à n'utiliser que les chiffres fournis par l'AP. Les sources officielles israéliennes ne valent donc que ce que valent les statistiques officielles palestiniennes, prenant en compte la natalité, mais pas l'émigration à partir de ces territoires. Les projections de population palestinienne pour 2020 basées sur ces chiffres sont très diverses : elles vont de 4 millions à 6,6 millions, avec une médiane à 5,7 millions pour les Territoires palestiniens et Jérusalem Est. La propagande arabe sur la démographie ou sur les privations affirmées de la population palestinienne nie les recensements ottomans et britanniques attestant que la majorité des Arabes pa-

---

[149] France Inter, 12 septembre 2011: « Un risotto à Ramallah » et France 24, 6 décembre 2012 : « Les nouveaux nababs de Ramallah »

lestiniens est récente sur cette terre. Les faits sont là et l'eau en est le témoin irréfutable. Au début du XXe siècle, la Palestine n'avait d'eau que pour ses 300 000 habitants. La plupart des sources étaient perdues. Souvent, les Juifs de retour sur leur terre ont commencé par retrouver celles citées dans la Bible. 130 ans plus tard, grâce aux efforts de développement des ressources en eau de la Jordanie et d'Israël, le territoire de la Palestine de 1920 nourrit plus de 16 millions de personnes[150]. Voici quelques-unes des évaluations les plus crédibles. Selon l'ONU, en 2011 il y avait 4 152 369 Palestiniens dans l'ensemble Cisjordanie, Jérusalem Est et Gaza[151]. La *Palestinian Academic Society for the Study of International Affairs* a établi les estimations suivantes en 2001 : 3,7 millions de Palestiniens dans les territoires, dont 2,5 millions en Cisjordanie et Jérusalem Est et 1,2 millions à Gaza. Le recensement effectué sous l'égide de l'AP a compté deux fois la population arabe de Jérusalem..

L'eau, cause de guerre

Les actes conflictuels, causes de guerre, sont multiples et complexes. L'un d'eux est la déformation de la réalité aux fins de propagande. Selon le responsable juridique lors des négociations de Taba sur l'eau, Daniel Reisner, la seule période où la propagande a été mise de côté par les Palestiniens a été lors de ces négociations. Ce fut grâce à

---

[150] Faitelson 2009
[151]; CIA, The World Factbook 1995, at 208, 220, 242, 408, 458 ; KLIOT, *supra* note 23, at 222-25, et Lowi, *supra* note 9, at 120

Shahad al-Attili, responsable de la délégation palestinienne sur l'eau, qui a privilégié une approche pragmatique. La falsification des chiffres de population et de
consommation d'eau, avant d'être reprise par l'AP, fut le
fait de l'Agence de l'ONU dédiée aux seuls Palestiniens,
l'UNWRA. Cette agence emploie 4 fois plus de salariés
que le HCR, le Haut commissariat aux réfugiés, qui a en
charge les 35 millions d'autres réfugiés dans le monde.
Ainsi, l'UNWRA considère comme « réfugiés » tous les
descendants des premiers réfugiés, quel que soit le
nombre de générations, contrairement à tous les autres
cas. L'UNWRA n'a jamais cherché à relocaliser ces réfugiés dans un autre pays. L'agence obtient ainsi les budgets nécessaires pour le fonctionnement d'une administration pléthorique. L'AP peut difficilement aller à
l'encontre de l'UNWRA, et de ses propres intérêts. Cela
n'aide pas les Arabes palestiniens à sortir de leur état de
dépendance.

Il n'y a pas encore de coexistence pacifique entre Israël et
ses voisins. Même pour la Jordanie et l'Egypte, avec lesquelles des traités de paix ont été signés, on parle de
« paix froide » dans la mesure où il n'y a plus de guerre et
une entente pour maintenir la frontière calme, mais les
peuples arabes refusent encore le contact « normal » avec
les Israéliens. Le « printemps arabe » fait peser une menace sur le respect futur des traités. Les Frères Musulmans en Egypte ont fait de l'abrogation du traité de paix
un argument de campagne et cette éventualité leur per-

mettait de détourner l'attention de leur population des conditions liberticides qu'ils voulaient imposer sur les rives du Nil. Leurs homologues jordaniens utilisent la même rhétorique. Cette volonté de rupture a été affirmée par une partie des opposants aux Frères musulmans en raison du soutien américain à ceux-ci.

La guerre des statistiques sur l'eau est un dommage collatéral. Exemple : d'après le rapport 2007 de la Banque Mondiale, Israël disposerait de 240 m^3 d'eau fraîche par habitant et par an, servant aux usages domestiques, agricoles et industriels, provenant des sources naturelles, du dessalement, du recyclage. La Banque Mondiale compare ce chiffre à la consommation des ménages palestiniens, bien plus faible puisque l'agriculture, principal consommateur d'eau, n'y figure pas. Les statistiques officielles de l'AP sur la croissance démographique font état d'une croissance annuelle de population de l'ordre de 3,5% en moyenne. Un tel chiffre ignore totalement l'émigration de nombreux palestiniens. Ils semblent appliquer le principe de l'UNWRA : « une fois Palestinien, toujours Palestinien, y compris pour les générations passées et à venir ».

Un autre effet secondaire de la problématique de l'eau est la désinformation. Ainsi, lors du Forum mondial sur l'eau qui s'est tenu à Marseille en mars 2012, la délégation palestinienne a distribué des documents clamant que les Israéliens avaient détruit 173 installations sanitaires et d'hygiène de l'eau (bassins de décantation et unités de traitement des eaux), 57 citernes de collecte des eaux de pluie, 40 puits et divers équipements d'irrigation. S'il est vrai que des puits creusés illégalement sont détruits (dans les Territoires palestiniens comme dans le reste du monde), les autres affirmations font partie de la communication habituelle envers les bailleurs de fonds. Certaines sont fondées sur des faits réels, même s'ils sont sortis de leur contexte : durant l'opération « Plomb Durci » à Gaza, certaines installations hydriques abritant des tireurs de roquettes et des dépôts d'explosifs ont réellement été détruites. C'est le cas de la station de pompage d'Al Nusseirat, qui a permis à la délégation de montrer au moins une image de destruction. Le rapport d'Amnesty International[152] sur les destructions d'installations en Cisjordanie reprend in extenso ces affirmations, sans croiser ni les informations elles-mêmes, ni le contexte dans lequel les quelques destructions ont effectivement eu lieu, ce qui est cohérent pour une organisation qui se place forcément du côté des victimes, réelles ou supposées, sans s'interroger sur l'identité des responsables. Une autre affirmation, reprise sans contrôle dans ce même forum, milite dans ce sens : le blocus de Gaza empêcherait de construire les installations hydriques nécessaires. La presse du monde entier a pourtant montré les images du retrait des Israéliens de Gaza, en juillet 2005, laissant sur place, en parfait état de marche, toutes les installations hydriques qu'ils avaient construites. Mais le

---

[152] *Troubled Waters* – 2009

Hamas et d'autres groupes avaient besoin de matériaux pour construire des roquettes, ils les ont détruites. Les laissez-passer pour les équipements nécessaires à des installations hydriques de même que les autorisations nécessaires à leur mise en œuvre sont toujours accordées, comme en témoigne le projet de construction par l'UNICEF d'une usine de dessalement à Gaza.

Les tentatives de détournement des eaux sont des actes de guerre. Elles ont toutes été stoppées par des opérations militaires. En 2012, lorsque le Hezbollah a menacé de détourner les eaux du Hasbani au Liban, pour qu'elles ne se jettent plus dans le Jourdain afin d'en priver Israël, ce dernier a fait savoir à la FINUL et au gouvernement libanais que tout début de travaux sur ce projet serait considéré comme un acte de guerre[153] et provoquerait une réponse militaire immédiate, comme cela s'était déjà produit en 1964. Au début de 2012, le gouvernement de l'AP a annoncé son intention d'augmenter les prélèvements sur le Jourdain, sans se préoccuper de l'avis des autres riverains du bassin ni des conséquences. Que cela ait, ou non, été son intention, cette annonce a toutes les chances d'envenimer le conflit[154]. Il faut noter que dans le monde, « il existe des traités de coopérations pour les bassins frontaliers entre plus de 300 entités. Il y a eu

---

[153] IDF concerned Lebanon planning water diversion, Yaakov Katz, 07/09/2012 - Jerusalem Post -

[154] Un canal pour sauver la mer Morte de l'assèchement, Laurent Zecchini – Le Monde, 08-04-2013

12 000 actions positives. Les coopérations sont plus nombreuses que les conflits. Les points les plus chauds sont Israël et le Moyen Orient. Les vraies guerres déclarées sont rarissimes. Notons celle de Mésopotamie d'il y a 4500 ans »[155].

L'eau, facteur de paix

A l'inverse, la réalité de la coopération sur le terrain entre Israéliens, Palestiniens et Jordaniens est un facteur de paix important. Elle démontre que c'est souhaitable, possible et bénéfique pour tous. Des travaux sur l'eau réalisés ensemble, au début des années 1990, par des universitaires israéliens et palestiniens, prônant la nécessité de remplir les besoins en eau des Palestiniens à égalité avec les Israéliens, ont pavé le chemin des accords d'Oslo. Ce fut le début de l'hydro-diplomatie locale. La réalité sur le terrain qui découle des accords sur l'eau entre les deux parties est un signe d'espoir. Israël manque toujours d'eau, mais la paix lui serait si bénéfique qu'il a accepté en échange une politique d'abandon d'une partie de ses droits. L'eau manquante sera compensée par des moyens technologiques[156].

Pour les voisins d'Israël, comme pour l'ensemble du monde arabe, une modification des modes d'exploitation et de consommation doit s'imposer. La première priorité

---

[155] "From Potential Conflict to Cooperation Potential", Léna Salamé, Division des sciences de l'eau, UNESCO, 27 juin 2011

[156] Comprendre pourquoi la coopération sur l'eau au Proche-Orient fonctionne. Anders Jägerskog, Ministry for Foreign Affairs - SE- 103 39 Stockholm – Sweden

est de mettre fin aux gaspillages, qui sont démesurés pour une zone aride soumise à un stress hydrique réel. Les avancées technologiques et une meilleure gestion des eaux permettraient à tous ces pays de résoudre ce stress en faisant face à toutes ses dimensions, la condition de base étant la collaboration entre tous les acteurs régionaux, y compris Israël. Le traité de paix signé entre la Jordanie et Israël le 26 octobre 1994 a réglé la question de l'eau entre ces deux États. Ce traité reconnaît le principe de l'utilisation raisonnable et équitable (article 6§2) défini dans les Règles d'Helsinki. Si une paix est signée avec les Palestiniens, la gestion et l'exploitation des ressources se feront conjointement, leur permettant de combler leur déficit. La dépendance financière de l'AP les contraint parfois à refuser les fournitures d'eaux israéliennes afin de démontrer sa détermination.

Le canal de la paix

Pour essayer de résoudre la pénurie d'eau dans la région, un projet a été élaboré : le « Canal de la Paix ». Il est aussi destiné à empêcher la disparition de la Mer Morte, dont le niveau descend de plus d'un mètre par an. Il est passé entre 1960 et aujourd'hui de 394 à 423 mètres sous le niveau de la mer. Alors que le Jourdain lui apportait 1250 M m^3 d'eau en 1950, du fait des prélèvements effectués par Israël, la Jordanie et les Palestiniens, en 1985, elle n'en recevait plus que 125 M (ce débit a été remonté depuis). Mais ce n'est pas la seule cause de la baisse de la Mer Morte : elle est située dans une zone où l'évaporation est intense et où le changement climatique va encore diminuer les pluies et donc des eaux de ruissellement qu'elle collecte.

« Si rien n'est fait la Mer Morte aura quasiment disparu d'ici 2050 », écrit la Banque mondiale, bouleversement qui ruinerait l'environnement unique créé par ce bassin dix fois plus salé que l'eau de mer classique.

Changement climatique sur la Mer Morte[157]

	2010	2020	2030	2040	2080
Variation de la T°	Base	+0.5°C	+1°C	+2°C	+4°C
Précipitations (mm)	Base	-5%	-10%	-15%	-35%
Eaux de ruissellement	Base	-5%	-10%	-15%	-35%

Le « canal de la paix » est prévu pour capter l'eau de la Mer Rouge. Long d'à peu près 180 km, il reverserait cette eau dans la Mer Morte, après qu'elle ait actionné des usines hydroélectriques. La moitié de l'eau transportée serait dessalée grâce à une partie de l'électricité produite. Elle servirait à l'irrigation, surtout pour les Jordaniens et les Palestiniens. S'ils parviennent à s'entendre, Jordanie, Israël et Territoires palestiniens développeront les activités agricoles, touristiques et industrielles (30 Md $/an escomptés)[158]. La version finale en janvier 2013 du rapport d'études techniques effectuées depuis 2005 par la Banque Mondiale, évalue que l'impact environnemental serait tout à fait « acceptable et contrôlable » et approuve

---

[157] Red Sea-Dead Sea Water Conveyance Feasibility Report, World Bank Report n° 12147RP04, July 2012
[158] World Bank Feasibility Report

cet aqueduc. Le coût global du canal de la paix, évalué à
10 Md $, atteindra en fait 33 Md $ selon le rapport.

2 Md m³/an d'eau de mer seraient acheminés à la Mer
Morte, actionnant des turbines, après 400 mètres de dénivelée, et produiraient de l'énergie, une partie servant
au fonctionnement de l'usine de dessalement de grande
capacité prévue, 320 M m³/an d'eau douce dans un premier temps, portée ensuite à 850 M m³/an. Gilad Erdan,
le ministre israélien de l'environnement, a, en 2012, re-
commandé la prudence : il estimait que de nombreuses
études seront encore nécessaires avant l'approbation de
ce projet. Il est controversé par certaines ONG écologiques, comme FOEME, qui propose une alternative[159] :
restaurer le Jourdain afin qu'il réalimente la Mer Morte,
compensant l'évaporation et remplaçant l'eau rendue à la
nature par une ou deux usines de dessalement de l'eau de
mer additionnelles. Selon cette ONG le coût de cette solution serait bien moindre et sans risque écologique[160]. La
réhabilitation du Jourdain a été décidée par Israël et sera
mise en œuvre. Il ne s'agit pas d'une hypothèse « ou...
ou » mais d'une solution « et... et ».

Situation découlant des accords israélo-palestiniens

La répartition de l'eau entre Israéliens et Palestiniens
relève d'un accord intermédiaire sur l'eau signé en 1995.
C'est un accord international car signé par le Quartet,

---

[159] Gidon Bromberg, Directeur israélien de "Friends of Earth - Middle East",
réunion du 30 janvier 2011
[160] Site Web FoEME, Projets *Good Water Neighbors*, 31 janvier 2011.

USA, Russie, Egypte et UE, en plus d'Israël, de la Jordanie et de l'OLP. Selon cet accord, Israël doit vendre aux Palestiniens un volume d'eau prédéfini à prix fixé. L'accord inclut la croissance de ces quantités selon l'évolution des besoins des Palestiniens au-delà de la période intermédiaire (1995-1999), soit 250 M m^3/an, alors qu'ils n'en consommaient que 190. En réalité, plus d'eau est vendue à moindre prix que ce que dit l'accord.

La situation sécuritaire sur le terrain aurait pu rendre la gestion et la répartition de l'eau plus compliquées, causant des désaccords ou des délais dans la réalisation des projets. Globalement, la coopération au quotidien entre les deux parties, prévue par l'accord, fonctionne. Israël organise des sessions de formation sur la gestion des réseaux, le recyclage des eaux usées et le dessalement des eaux de mer et des eaux saumâtres. Des municipalités israéliennes ont construit des sites de traitement où les eaux usées de municipalités palestiniennes sont traitées gratuitement[161]. L'accord prévoyait que l'AP construise des usines pour traiter toutes ses eaux usées et éviter qu'elles ne polluent les rivières. Une seule a été mise en service. Sept autres projets au moins ont été lancés grâce aux subventions de divers pays, mais aucun d'entre eux n'est en service. Selon l'AP, c'est par manque d'argent et de compétences pour la maintenance. Elle s'était engagée dans l'accord à rechercher des sources d'eau alternatives.

---

[161] Voir exemples de cette collaboration dans le chapitre 5. Voir aussi la publication de l'ONU sur l'historique de la question de Palestine

Elle n'a pas respecté cet engagement. Elle n'utilise que très peu d'eaux recyclées ou dessalées pour l'agriculture. Elle ne détruit pas les centaines de puits pirates, qui mettent en danger les ressources partagées. Une solution à la carence en eau d'Israël, de la Jordanie et du futur Etat palestinien consisterait en un plan régional, dans un Moyen-Orient apaisé. En effet, le Liban, la Syrie et la Turquie disposent de ressources en eau importantes. Ils pourraient en vendre aux Palestiniens.

Processus politique – Hydro-diplomatie

Les négociations politiques qui débutèrent en novembre 1991, suite à la Conférence de Madrid, suivirent deux voies : la voie bilatérale pour résoudre les conflits du passé, avec traité de paix entre les pays arabes et Israël et mise en place d'une autonomie politique palestinienne (diverses sessions de négociations eurent lieu à Madrid et à Washington[162]) et la voie multilatérale destinée à construire des relations de confiance afin de traiter des problèmes futurs. Des discussions débutèrent à Moscou en janvier 1992 et les délégations furent réparties en cinq groupes de travail, chacun sur un sujet différent : réfugiés, environnement, supervision des armements, développement économique et ressources en eau. Entre 1996 et 2000, l'activité des groupes de travail régionaux a baissé, sauf celle du groupe sur l'eau, qui continue à ce

---

[162] Jusqu'en 1993, Palestiniens et Jordaniens formaient une seule délégation.

jour[163]. Son rôle était de développer la coopération sur l'eau. Les accords de Camp David et de Taba ont donné naissance à plusieurs entités. Les deux plus importantes sont le comité conjoint de l'eau (JWC, pour *Joint Water Committee*), entre Israéliens et Palestiniens, et l'équipe de travail *Executive Action Team* (EXACT), comprenant Israéliens, Palestiniens et Jordaniens des services des eaux respectifs, réunis sous la houlette des USA, fonctionnant sans interruption depuis 1992. Ces deux groupes se consacrent aux questions techniques et ne discutent pas politique. Quand une question ne peut pas être résolue au niveau technique, elle est remontée au niveau politique. On retrouve souvent les mêmes membres dans JWC et EXACT ce qui contribue au climat de confiance entre les parties. EXACT a créé et gère une base documentaire sur les ressources régionales, destinée à tous les acteurs de la région. Elle permet l'adoption de standards communs pour la collecte, l'amélioration de la qualité et l'usage de ces données, dans les échanges entre les scientifiques. La France, les Pays-Bas, l'Italie, la Norvège, l'UE et les USA apportent une assistance technique et budgétaire. EXACT se réunit deux fois par an, en Europe ou au Moyen-Orient. Il a créé le Centre de recherche sur le dessalement du Moyen-Orient (MEDRC), basé à Muscat, capitale d'Oman, avec des délégués d'Israël, de la Jordanie et de l'AP, et de pays donateurs :

---

[163] Dr. Sarah Ozacky-Lazar, Van Leer Institute, Forum on Regional Environment and Sustainability, 2011

USA, Hollande, Espagne, Japon, Corée du Sud, Qatar et Oman[164]. MEDRC accorde des subventions à des projets de recherche sur le dessalement, en particulier à ceux d'universités de la région. Depuis 2010, il finance la formation sur le dessalement et le traitement des eaux usées de Jordaniens et de Palestiniens[165].

Négociations bilatérales

Les Accords d'Oslo – La Déclaration de principe (*DOP*), signée en septembre 1993, parle en termes généraux de l'eau, prévoyant la coopération. Diverses propositions de recherches furent mentionnées : dessalement et développement des infrastructures hydriques.

L'Accord du Caire sur Gaza et Jéricho – Signé en 1994, il prévoyait le transfert à l'AP du système d'adduction d'eau de la bande de Gaza (gestion, développement et maintenance), sauf la partie alimentant les agglomérations israéliennes qui s'y trouvaient.

L'eau et les seconds Accords d'Oslo – Le paragraphe 40 de l'accord intérimaire, dit « Oslo 2 », signé à Washington le 28 septembre 1995, définit les droits sur l'eau, les quantités allouées à chaque partie afin de maintenir les usages existants, en tenant compte des besoins futurs et de l'évolution démographique. Il stipule qu'Israël doit transférer 23,6 M m³/an d'eau vers la Cisjordanie et 5

---

[164] La France est en train de rejoindre le processus.

[165] Un séminaire en août 2010 sur le traitement des eaux usées à l'usine de Shafdan, suivi par 18 Palestiniens et 4 Jordaniens, un cours sur le dessalement en octobre 2010 à Shefayim, suivi par 18 Palestiniens et 9 Jordaniens, un cours à MEDRC en 09- 2011 pour les opérateurs d'usines de dessalement.

vers Gaza pendant la période intérimaire de 5 ans[166]. Il met l'accent sur la nécessité pour les Palestiniens d'exploiter le bassin Est de l'Aquifère de montagne et de produire de l'eau additionnelle par purification et recyclage des eaux usées et par dessalement. L'accord stipule également qu'aucune des parties ne doit prendre de mesure qui conduirait à une contamination de l'eau[167].

Afin de mettre en œuvre leurs engagements, Israël et l'AP ont mis en place le JWC, qui opère depuis 1995. Un autre comité conjoint, israélo-palestino-américain, a été créé pour définir des politiques de l'eau et encourager la coopération. Jusqu'en 2010, ce comité se réunissait une fois par an, plus souvent depuis car il cherche à accélérer le processus d'autorisation des projets[168].

L'importante différence entre les consommations d'eau à l'est et à l'ouest de la « ligne verte » en 1967 s'est réduite au cours des 40 dernières années. Dans les années 2010, elle est devenue très minime. La fourniture en eau à usage domestique apportée par Israël aux Palestiniens est très supérieure au minimum défini par l'OMS et aux engagements pris. Les Israéliens respectent toutes leurs obligations contractuelles en tenant compte des besoins

[166] Les besoins futurs des Palestiniens ont été évalués à 70-80 M m³/an en plus des 118 M consommés à la date de la signature.

[167] "Israël reconnait les droits des Palestiniens à l'eau en Cisjordanie, qui seront inclus dans l'accord sur le Statut Permanent. L'accord intérimaire ne spécifie pas ces droits, il contient une déclaration générale reconnaissant des droits. Les Palestiniens exigent des droits sur l'eau, alors que les Israéliens se concentrent sur les besoins futurs et donc sur les allocations d'eau.

[168] Nadav Cohen, Centre de coopération régionale sur l'eau, 27 janvier 2011.

futurs. Les statistiques de fournitures d'eau, publiées depuis 2009, démontrent sans ambiguïté qu'Israël remplit tous ses engagements. De leur côté, les Palestiniens avaient obligation de construire égouts et équipements de traitement des eaux usées, financés par les pays donateurs. Ils ont eu d'autres priorités. Certains Palestiniens pallient leurs manques en creusant des puits « pirates » ou en se branchant illégalement sur le réseau israélien. L'AP n'a pas de base légale pour ses revendications, même si elle affirme que les Israéliens violent la loi internationale et les accords. Le droit d'antériorité sur l'Aquifère de montagne existait avant la création de l'Etat d'Israël. Le droit international privilégie une optique environnementale. En priorité, les Palestiniens doivent donc éviter le gaspillage causé par les fuites dans les canalisations, utiliser l'irrigation avec parcimonie, traiter leurs eaux usées, et utiliser les sources naturelles non exploitées, Il leur est interdit d'augmenter le pompage sur des aquifères utilisés par Israël avant d'avoir épuisé celui des nappes profondes de l'aquifère Est. Ce n'est qu'après avoir pris ces mesures, qu'ils sont légalement fondés à demander à Israël des livraisons ou des prélèvements d'eau supplémentaires. Les Israéliens ont démontré qu'ils sont pragmatiques, dans les accords signés avec les Jordaniens en 1994, puis avec les Palestiniens en 1995. Ils recommandent une approche pratique qui règle vite les problèmes, présents et futurs, de manque d'eau pour les deux parties. La pénurie d'eau pourrait être

l'élément déclenchant permettant de passer d'un état de
conflit à celui de coopération, pour autant que les parties
se préoccupent de chercher des solutions pratiques et
des technologies avancées. Ce livre présente des solutions dans ce sens. De manière générale, dans une région
en pénurie d'eau comme le Proche-Orient, toute concurrence sur les ressources peut devenir le détonateur de
conflits futurs. La question de savoir si Israël devrait renoncer à ses droits sur les sources de montagne et se
concentrer sur le seul dessalement a été étudiée, mais
pas retenue en raison de son coût excessif, des problèmes
techniques et de la vulnérabilité qui en résulteraient.

Développement des installations hydriques

De 1948 à 1967, sous administration jordanienne, la Cisjordanie disposait au total de 65 M m³/an, distribués par
un réseau très ancien, dont une partie datait de l'époque
romaine. Trois sources du bassin Est et trois aqueducs
romains dans la région de montagne (un à Sichem et
deux à Jérusalem) alimentaient les villages : 18 M m³/an
d'eau pour l'agriculture[169]. En sus, près de 200 petites
sources et les pluies apportaient aux puits, les bonnes
années, 5 M m³. Seuls 4 points de peuplement sur 700
étaient raccordés à un réseau. Après 1967, en 5 ans la
fourniture d'eau a augmenté de 50% grâce aux nouveaux
puits creusés autorisés par l'administration israélienne.
Un réseau de distribution desservant la majeure partie

---

[169] (Wadi Kalat, Wadi Oudjia et Wadi Pri'a)

des villages a été créé. Au cours des années 1970-1980, des villages israéliens ont été établis en Judée Samarie et raccordés au réseau israélien. Des villages palestiniens voisins y ont aussi été raccordés, augmentant de façon significative le niveau de vie des villageois. Entre 1980 et 1995, date de la signature des accords de Taba, l'eau livrée aux Palestiniens est passée de 65 à 120 M m³/an, puis en 2008 à 200 M de m³/an. La Société d'hydrologie palestinienne a publié ses chiffres en 2004 : le nombre de points de peuplement raccordés au réseau d'eau potable était alors de 643 sur 708, desservant plus de 97% de la population. Le réseau de distribution d'eau potable en Judée Samarie est meilleur que celui de la plupart des pays voisins : la fourniture d'eau à Amman, à Damas ne serait parfois disponible que 2 jours par semaine, alors qu'en Judée Samarie, il n'y a pratiquement pas de coupures d'eau pour l'ensemble des habitants connectés au réseau. Les agriculteurs subissent des restrictions lors des années de sécheresse, comme cela se passe en France et ailleurs. On affirme du côté palestinien que leur fourniture d'eau est le quart de celle fournie aux Israéliens. Mais les chiffres démontrent le contraire[170] : les installations israéliennes fournissaient, en 2006, presque autant d'eau aux Palestiniens qu'aux Israéliens, compensant ainsi le fait que, faute d'investissements, les installations palestiniennes, n'arrivaient pas à satisfaire les besoins.

---

[170] Voir chapitre 2 - Consommations

Droits quantitatifs des Palestiniens

En 2006, les besoins en eaux des Palestiniens ont atteint 178 M m^3/an dont 132 extraits par eux-mêmes et 46 achetés chaque année à Israël à prix garanti. Les extractions ont atteint depuis 200 M m^3/an, auxquels s'ajoutent les eaux recyclées et les économies résultant de la baisse des fuites et de celle de l'évaporation dans des champs qui ne sont plus arrosés par inondation. Les Palestiniens bénéficieront du prix garanti pour les 46 M fournis par Israël. Toute quantité supplémentaire sera vendue au prix de l'eau traitée. Si d'autres puits de Judée Samarie passent sous administration palestinienne, les quantités correspondantes seront déduites des quantités vendues à prix garanti. Les droits des Palestiniens de Gaza résultent des extractions locales où Israël n'intervient pas du tout.

Point de vue palestinien

L'eau est l'un des facteurs principaux d'une paix juste et durable entre Palestiniens et Israéliens. C'est un élément de viabilité d'un Etat palestinien souverain et un facteur de succès de la solution à « deux Etats ». De leur point de vue, les Palestiniens ont un droit absolu sur les eaux de surface et souterraines de leur territoire. Ils souffrent d'un manque d'eau et ont donc « le droit international pour eux ». En conséquence, ils réclament des volumes additionnels de près de 400 M m^3/an de l'Aquifère de montagne, 200 M m^3 du système Jourdain-Lac de Tibériade et 100 M m^3 de l'aquifère côtier pour Gaza, soit près de 50% des disponibilités en eau potable d'Israël.

Les Palestiniens font face à des problèmes cruciaux et complexes de disponibilité d'eau douce de qualité et la situation, si l'on compte seulement sur la nature, ne peut qu'empirer. Une partie des problèmes d'eau provient de facteurs environnementaux, mais selon les responsables palestiniens de l'eau « bien plus importantes sont les nombreuses restrictions imposées aux Palestiniens, qui les empêchent d'utiliser les ressources disponibles et de développer les infrastructures hydriques indispensables. Depuis 1967 Israël exerce la responsabilité étatique en Cisjordanie et donc sur les ressources en eau, en particulier la totalité de la vallée du Jourdain et sur l'aquifère de Montagne ». Les Palestiniens les considèrent comme une ressource transfrontalière à partager selon la loi internationale « équitablement et raisonnablement ». Selon le Ministre palestinien de l'eau, ce n'est pas ce qui se passe en réalité : Israël exploiterait plus de 90% de cette eau fraiche partagée et n'en allouerait que 10% aux Palestiniens. Le ministre palestinien de l'eau, en reprenant le rapport de la Banque Mondiale, affirme que la consommation des 450 000 résidents juifs en Cisjordanie doit faire partie de l'attribution israélienne acceptée par les deux parties dans les Accords d'Oslo 2 de 1995, afin qu'elle n'affecte d'aucune manière les ressources palestiniennes. C'est effectivement ainsi que les choses se passent.

A Gaza, le problème n'est pas seulement la quantité, mais, plus gravement encore, la qualité de l'eau. Selon le Ministre, le blocus imposé par Israël à la Bande de Gaza a empêché l'accès à des sources alternatives d'eau. Forcés de n'utiliser que le bassin sud de l'aquifère côtier, les Palestiniens de la bande de Gaza en extraient chaque année plus du double du volume qui l'alimente. Ce sur-pompage a causé la salinisation de l'aquifère par intrusion d'eau de la Méditerranée. Sur ce point tout le monde s'accorde[171]. Des infiltrations d'eaux d'égout non traitées, faute d'installations adéquates, ont dégradé la qualité de cette eau. A peine 10% de l'eau disponible à Gaza atteint le niveau de qualité défini comme potable par l'OMS et on constate une augmentation des maladies causées par des eaux non saines.

La Bande de Gaza dispose d'une unité de dessalement de l'eau de mer produisant 600 m³ d'eau par jour et de 5 unités municipales de dessalement d'eaux saumâtres produisant au total 3000 m³ d'eau par jour. Une centaine d'installations de dessalement d'eaux saumâtres sont exploitées par des entreprises privées sur lesquelles l'AP n'aurait aucun contrôle. Cette dernière a un projet, à deux volets, de construire à Gaza des unités de dessalement de l'eau de mer pour augmenter la disponibilité de l'eau: l'un à court terme dit STLV (*Short Term Low Volume Desalinisation*), aura une capacité de 13 M m³/an, l'autre à long terme de 2 usines régionales de dessalement, une dans le centre de la Bande de Gaza, d'une capacité de 55 M

---

[171] Document de la « Palestinian Water Authority » distribué au Forum International sur l'Eau de mars 2012 à Marseille

m³/an, l'autre dans le sud, 22 M m³/an. Ces projets sont soutenus par le gouvernement israélien et financés par la BEI[172]. Un investissement de 300 M€ est nécessaire pour la plus importante. Elle fournira de l'eau potable à 1,6 million d'habitants de Gaza d'ici à 2020. La première partie du STLV comprend trois sites : une unité de 3,7 M m³ d'eau potable par an au sud de la ville de Gaza, une de 2 M à l'usine de Deir al Balah et une de 7,3 M sur un nouveau site, au sud de Deir al Balah. En 2012, l'UNICEF a lancé un appel d'offres international pour construire la première de ces unités. En mai, 2012 le Hamas a annulé le projet. Il a pris le pouvoir à l'AP par la force et règne sur la Bande de Gaza au nom d'Allah. Il n'a donc pas à craindre le résultat d'élections (incompatibles avec la doctrine de soumission absolue à Allah et donc à ses représentants), mais n'est pas à l'abri d'un « printemps » de la part de sa population. Si la Nomenklatura du Hamas vit dans le luxe, le reste de la population souffre. Le Hamas doit donc concentrer cette insatisfaction sur une autre cause que sa propre corruption. D'où le refus de construire l'usine de dessalement, financée internationalement, au motif qu'une entreprise israélienne avait remporté l'appel d'offres sur quelques lots mineurs : plutôt mourir de soif que laisser les « fils de porcs et de chiens » bénéficier d'une construction sur le territoire ! Les ONG pro-palestiniennes font, en l'occurrence, œuvre très

---

[172] Banque européenne d'investissement

contre-productive en s'abstenant de toute critique vis-à-vis de cette attitude, qui prive la population palestinienne d'une ressource indispensable. L'AP affirme aussi qu'elle est empêchée de développer ses infrastructures hydriques essentielles et que « la destruction de citernes d'eau, puits et autres infrastructures est destinée à forcer certaines communautés palestiniennes vulnérables à se déplacer dans les territoires occupés : pour le dire simplement, les problèmes de pénurie d'eau des Palestiniens font partie de la réalité politique créée par l'occupation Israélienne. »   Une solution politique est indispensable pour résoudre ces problèmes et annuler à terme les inégalités de consommation. Elle restaurera les droits fondamentaux des Palestiniens sur l'eau. Aucune solution technique, managériale, ou environnementale ne peut remplacer la solution politique, selon l'AP[173].

« Les arrangements pour la gestion de l'eau, établis dans l'accord intérimaire de 1995, nous ont appris qu'ils favorisent le fort et servent à maintenir le statu quo tant que la disparité entre occupant et occupé n'est pas résorbée. En particulier, le JWC n'a pas seulement échoué à réduire les importantes inégalités dans l'allocation de l'eau, il a donné aux Israéliens le contrôle effectif sur l'accès à ces ressources et un pouvoir de veto sur les efforts de la Compagnie palestinienne des eaux, la PWA, destinés à maintenir ou à améliorer le système hydrique palesti-

---

[173] Pourtant les Israéliens n'occupent plus Gaza depuis juillet 2005.

nien. Le JWC a rajouté un niveau additionnel de contrôle pour la Zone C où l'administration civile israélienne a le dernier mot, quelles que soit les décisions de la JWC. » (Déclaration du ministre palestinien de l'eau).

En fin de compte, la fondation sur laquelle résoudre le conflit de l'eau entre Israéliens et Palestiniens est la loi internationale sur l'eau. Toute solution doit assurer une gestion conjointe, pragmatique, efficace et équilibrée de l'eau. Se baser seulement sur la bonne volonté est faire preuve de naïveté. La proposition palestinienne consiste donc à définir en premier les normes de répartition des ressources partagées, selon la loi internationale, puis les modifications à apporter aux allocations actuelles et leur calendrier, afin de donner aux Palestiniens l'accès à la part des ressources transfrontalières qui leur revient de droit, tout en permettant aux Israéliens de maintenir leur consommation d'eau. Ce qui rend la proposition palestinienne acceptable aux deux parties c'est qu'elle donne à Israël le temps de construire les usines de dessalement et qu'elle permet aux Palestiniens de développer les infrastructures hydriques qui rempliront les besoins croissants des villes, de l'agriculture et de l'industrie. C'est une situation « gagnant-gagnant ». Le Premier ministre palestinien Salam Fayyad a inauguré en avril 2012 le premier barrage construit par l'AP, près du village d'Ouja dans la zone C, donc sous responsabilité israélienne. Ce barrage a coûté 1 M $. Le Premier ministre a déclaré que l'AP peut construire sur tout le territoire de Cisjordanie sans attendre l'autorisation israélienne : « Rien ne m'empêchera de développer toute zone de la Palestine ». A l'intention des dirigeants internationaux, il a insisté sur le fait que la Vallée du Jourdain fait partie intégrante du futur Etat palestinien : il n'a pas l'intention de la négocier avec les Israéliens, qui la considèrent comme stratégique. M. Fayyad a affirmé que 225 projets dans la vallée du Jourdain ont été décidés et que 170 d'entre eux ont déjà été réalisés, même si aucun observateur extérieur n'a pu, jusqu'à présent, les voir. Bien que les accords de 1995 l'interdisent, des Palestiniens creusent sans autorisation du JWC, des puits dans les bassins Nord et Ouest, près de Jénine, Kalkilya et Tulkarem : au moins 250 puits, puisant près de 10 M m^3, ce qui réduit d'autant la part d'Israël. Ils se raccordent aussi illégalement au réseau israélien pour l'arrosage des champs, en particulier dans les villages de Sa'ir et de Visouah. Les vols ainsi pratiqués sont estimés à près de 5 M m^3 par an.

La position israélienne[174]

Les économies d'eau potable réalisables grâce à un usage rationnel par les ménages et grâce à la réduction des fuites, pourraient atteindre 10 M m^3/an en Cisjordanie. C'est important vu le déficit d'eau potable. L'irrigation goutte-à-goutte généralisée économiserait 15 M m^3/an tout en accroissant les surfaces agricoles. Le traitement des eaux usées permettrait de recycler pour l'irrigation

---

[174] Etude de Haïm Gvirtzman - Institut des sciences de la terre – Université hébraïque de Jérusalem

30 M m^3/an. L'équivalent en eau potable serait réaffecté à l'usage domestique. Enfin, le dessalement d'eaux de mer générerait le complément d'eau dont les Palestiniens ont besoin. Celle-ci pourrait être acheminée vers la Judée Samarie par une conduite partant de l'usine de dessalement israélienne de Hadera, qui produit 100 M m^3/an, où on pourrait installer une unité de 50 M m^3/an destinée aux seuls Palestiniens. Les eaux économisées à Ramallah, à Naplouse seraient acheminées vers la vallée du Jourdain. Vu la croissance démographique et celle de la demande résultant de l'amélioration des conditions de vie des Palestiniens, ces mesures devraient leur permettre de satisfaire leurs besoins jusqu'en 2030. La population palestinienne réelle en Judée Samarie est de 1,8 millions d'habitants et sa croissance annuelle de 1,8%. En 2030 elle atteindrait 2,2 millions. Si les besoins atteignent 150 l/habitant/jour, les besoins annuels des ménages seront de 120 M m^3/an. Les solutions techniques proposées devraient satisfaire ces besoins et même les dépasser. Au point de vue technologique, bien que la solution du dessalement de l'eau de mer soit éprouvée, sa réalisation n'est pas simple. Israël y procède depuis dix ans. Les six usines de dessalement opérationnelles en 2013 produisent 600 M m^3/an, ce qui permet d'équilibrer l'offre et la demande, mais il reste à combler le déficit accumulé pendant les années de sécheresse (tous les niveaux étaient sous la ligne rouge).

L'Aquifère de montagne stocke les eaux de l'hiver et les rend disponibles en été et celles des bonnes années en prévision des années de sécheresse. Renoncer à cet aquifère signifierait renoncer à la fois à l'eau et au stockage. Lorsque le niveau du lac de Tibériade baisse, les tirages dans les puits augmentent de 100 000 m³/an, soit la capacité d'une usine de dessalement complète. Cela veut dire que si Israël devait renoncer à la capacité de l'Aquifère de montagne, il devrait construire une nouvelle usine de dessalement pour satisfaire les besoins en pic de demande, usine qui ne fonctionnerait donc plus lors des saisons humides, à l'encontre de toute bonne pratique économique ! Le coût de l'eau dessalée rendrait de nombreuses cultures non rentables et mènerait à l'abandon de secteurs entiers de l'économie du pays, bien que les eaux de recyclage soient entièrement allouées à l'agriculture. Enfin au plan stratégique, renoncer à l'Aquifère de montagne relancerait la demande de la Syrie qu'Israël renonce au lac de Tibériade. Israël devrait alors compter uniquement sur le dessalement de l'eau de mer. Economiquement, une telle situation n'est pas viable et stratégiquement, elle est dangereuse : une usine est toujours susceptible de subir une panne, un tremblement de terre ou une attaque, terroriste ou militaire.

Accès à l'eau des villes et villages palestiniens
Sur les 439 villes et villages palestiniens de Cisjordanie, 372 disposent d'installations d'adduction d'eau et 67, soit

120 000 personnes, n'en ont pas, selon Baruch Nagar[175].
Environ 180 villages ne sont pas raccordés à un réseau
de distribution d'eau selon le Dr Gershon Baskin [176].
Mekorot fournit des eaux à l'AP en des points de transfert
définis. C'est la responsabilité de l'AP de l'acheminer vers
les communautés territoriales palestiniennes. Selon le Dr
Baskin et Gidon Bromberg, directeur de FOEME, l'AP ef-
fectue cette distribution, mais n'est pas responsable de sa
régularité, qui dépend des volumes fournis par Israël.
Dans les années suivant la guerre de 1967, les ressources
en eau ont fortement augmenté pour la zone à l'ouest du
Jourdain sous administration israélienne. Le système
d'adduction d'eau du sud de Hébron a été étendu. De
nouveaux puits ont été creusés près de Djénine, Naplouse, Tulkarem. Plus de 60 villes palestiniennes ont
bénéficié de systèmes neufs d'adduction d'eau et les systèmes vétustes ont été restaurés par l'administration
israélienne.

En fait, pour avoir une vue claire de la situation, il faut
distinguer l'eau fournie au robinet pour usage domestique de celle fournie aux agriculteurs pour l'irrigation.
L'AP, comme le gouvernement israélien, favorise les
usages domestiques et, lorsque c'est nécessaire, applique
des restrictions aux usagers agricoles. Dans la zone de

---

[175] Directeur de l'eau et des égouts, Administration Civile en Cisjordanie.
[176] Directeur du Centre israélo-palestinien de recherche et d'information (IPCRI).
La différence entre les chiffres résulte de la notion administrative de « municipalité » qui englobe le plus souvent plusieurs villages.

l'Aquifère de montagne, il y a un grand nombre de sources d'eau fraiche. Selon M. Bromberg, les Palestiniens les ont trop pompées et beaucoup sont à sec[177].

Traitement des eaux usées en Cisjordanie

En Cisjordanie, environ 15% des eaux usées des villages juifs ne sont pas traitées. C'est le cas de la très grande majorité des villes et villages palestiniens[178]. La coopération entre Israéliens et Palestiniens en ce domaine est limitée. Le Service israélien des réserves naturelles et parcs nationaux recommande des mesures urgentes afin de stopper le rejet de ces eaux usées dans les rivières et empêcher qu'elles ne s'infiltrent dans les aquifères. Si cela n'est pas fait rapidement, les dommages causés aux ressources des uns et des autres seront irréversibles. Comme Israël est en aval des rivières, la pollution par les eaux usées non traitées affecte essentiellement son territoire. Il a donc tout intérêt à promouvoir le traitement des eaux usées en Cisjordanie, là où elles sont produites, afin de les recycler pour l'irrigation. Les Israéliens pragmatiques ont considéré qu'il valait mieux traiter ces eaux eux-mêmes plutôt que les laisser polluer les rivières et les nappes phréatiques. En ce qui concerne la purification des eaux usées palestiniennes en Israël, il faut faire un bilan économique global des coûts et bénéfices de chaque

---

[177] Les villageois d'Ujah, près de Jéricho, utilisaient l'eau de source pour leurs usages domestiques et agricoles. Selon les accords, les Israéliens fournissent l'eau à usage domestique pendant 2 mois d'été, l'eau de source étant alors réservée à l'agriculture ; les besoins agricoles sont sacrifiés le reste de l'année.
[178] Baruch Nagar

solution. L'ONG B'Tselem considère le traitement des eaux usées palestiniennes en Israël comme une mauvaise chose, car cela repousse la mise en place de moyens palestiniens. L'ONG considère que les retards dans la mise en place d'usines de traitement autres que celle d'El Bireh, sont dus au long délai pour obtenir les autorisations et à la baisse des engagements des pays donateurs. Pourtant, au moins sept usines ont été autorisées et ont reçu des subventions, les travaux ont commencé, mais les usines ont été stoppées, par manque de fonds pour leur fonctionnement selon l'AP.

Les projets palestiniens autorisés par le JWC pour les territoires en Zone C sont, selon les accords passés avec l'AP, sous la responsabilité de l'Administration civile israélienne. La majorité des infrastructures hydriques et des égouts se trouve dans les zones administrées par l'AP (Zones A et B). Une fois approuvés par le JWC les projets sont sous la seule responsabilité de l'AP. Le processus d'approbation par l'Administration civile n'est requis que pour les projets en Zone C. L'Administration Civile approuve quasiment tout projet entériné par le JWC, mais le Dr. Gershon Baskin estime que cette approbation suit un long processus bureaucratique. La Banque Mondiale critique ce besoin de faire approuver un projet par l'Administration civile après le JWC. Elle insiste sur l'inefficacité de ce double processus qui engendre des difficultés pour l'AP[179], mais elle n'explique pas l'incapacité de l'AP à faire fonctionner les infrastructures déjà financées.

La négociation[180]

La polémique sur l'Aquifère de montagne vient de ce que la plupart des pluies tombent à l'est de la « ligne verte » et l'eau est pompée à l'ouest après sa circulation souterraine. La divergence est liée à la conception de chacun sur la propriété des eaux. La polémique sur les eaux du Jourdain et du Lac de Tibériade concerne la répartition de leurs eaux par habitant, que les Palestiniens veulent à parité et non en fonction des usages historiques, alors que les Israéliens, s'ils acceptent l'objectif de parité, exigent qu'elle soit l'aboutissement d'une évolution durant laquelle les Palestiniens auront fait les investissements nécessaires, laissés jusqu'à présent à la charge d'Israël.

Propriété historique de l'Aquifère de montagne

Si l'on s'en tient à la loi internationale, la priorité va aux besoins sur les déterminations naturelles, et les besoins sont définis par l'exploitation historique. Elle donne donc à Israël le droit sur la plupart des eaux de l'Aquifère de montagne. Le bassin ouest de l'aquifère alimente les sources du Yarkon, de la rivière Taninim et de 10 autres se jetant dans la Méditerranée. Elles formaient dans la plaine côtière des marécages, les rendant inexploitables

---

[179] The World Bank, Avril 2009, *Assessment of Restrictions on the Palestinian Water Sector*
[180] Source Rapport Gvirtzman

et inexploitées jusqu'à la fin du XIXe siècle. Au début du XXe siècle, les pionniers sionistes ont acheté ces terres, vides de tout habitant, asséché les marécages et exploité les sources. L'extraction de l'eau s'est faite par des puits. Au début des années 1940, celle effectuée dans le bassin occidental est arrivée au maximum des possibilités, soit 360 M m³/an, tirés de centaines de puits creusés aux pieds de la montagne entre Beersheva et Pardes Hanna, ville au pied du Carmel. La guerre des Six jours n'y a rien changé. Quand les accords d'Oslo/Taba ont été signés, en 1995, le bassin occidental fournissait près de 22 M m³ d'eau par an aux Palestiniens. Selon la loi internationale et cette date de référence, les Palestiniens auraient droit à 22 M m³/an. Si la date de référence était 1967 ou 1948, ils n'auraient droit à presque rien, car c'est Israël qui a amélioré l'accès à l'eau des Palestiniens après 1967.

Même situation historique dans le bassin nord de l'aquifère. Les pionniers installés au début du XXe siècle dans les vallées de Harod, Yezréel et Beit Shean ont exploité les eaux de ce bassin. Ils ont démarré l'exploitation des sources puis creusé des puits. Là aussi l'exploitation de l'eau est antérieure à la guerre des Six jours. En fait, depuis 1967 le pompage de cet aquifère par les Palestiniens a augmenté. Si on applique la loi internationale en prenant pour référence la date d'Oslo, Israéliens et Palestiniens ont droit respectivement à 103 et 42 M m³/an de ce bassin. Dans le bassin Est de l'aquifère, les Palestiniens ont un droit historique au pompage supérieur à celui des

Israéliens. Au moment de la signature des accords d'Oslo, leurs prélèvements sur cet aquifère étaient de 60 M m³/an, essentiellement dans les oueds Pri'a, Oujah, Kalat et Jéricho. Une grande partie a ruisselé en profondeur et s'est salinisée. Après 1967, des villages et des kibboutzim de la vallée du Jourdain ont été raccordés à des puits nouveaux, souvent à grande profondeur. L'extraction israélienne n'a pas asséché ces puits, sauf celui de la région de Bardalla pour lequel les Palestiniens ont reçu une compensation fournie par Israël, tirée de son droit à 40 M m³/an extrait de ces sources nouvelles. L'Aquifère de montagne, dont les parties ouest et nord alimentent près de 2,5 millions d'habitants de Jérusalem, du Goush Dan et de la plupart des villes et villages de la zone côtière et des vallées du Nord (Yezréel, Harod, Beit Shéan), est essentiel pour Israël. Les accords sur le Statut définitif fixeront les volumes exacts que Palestiniens et Israéliens seront autorisés à puiser dans l'Aquifère de montagne et ceux que les Palestiniens pourront se procurer auprès d'Israël.

Idéologie et pratique

Au cours des négociations, les Palestiniens se sont focalisés sur le « droit à l'eau » et Israël sur le droit pratique du partage de l'eau. Dans les accords avec les Jordaniens, la question des droits sur l'eau n'a pas été soulevée et, dans le cas des accords avec les Palestiniens, la question des quantités à répartir a été résolue, alors que celle des droits a été renvoyée au Statut final. En conséquence, c'est l'approche pragmatique qui a prévalu et non celle des droits[181]. Si les négociations de paix reprennent, la question des droits, maintenant posée en préalable par la partie palestinienne, sera à nouveau soulevée.

L'eau disponible entre la côte méditerranéenne et le Jourdain est insuffisante pour satisfaire les besoins de toutes les parties. La tentative d'une partie de résoudre le déficit de l'un au détriment de l'autre, outre qu'elle est contraire à la loi internationale, ne résoudrait pas à long terme le problème de la pénurie. Les deux parties doivent s'atteler ensemble au déficit global d'eau, à partir d'une vision pragmatique du futur. Le défi est surmontable par utilisation rationnelle de l'eau, traitement généralisé des eaux usées, irrigation au goutte-à-goutte et dessalement. Israël a mis en œuvre toutes ces pratiques avec des résultats très positifs et il n'est pas douteux que le jour où, grâce aux aides internationales, les Palestiniens en feront autant, ils obtiendront des résultats semblables.

A la fin de 1991, une conférence internationale était prévue en Turquie, pour traiter les problèmes de l'eau dans la région. Elle a été torpillée par la Syrie. En janvier 1992, des discussions multilatérales (dont un groupe de travail sur l'eau) devant se tenir à Moscou, ont été boycottées par les Syriens, les Jordaniens et les Palestiniens. Après les accords d'Oslo, ces derniers ont été plus actifs dans la coopération sur l'eau. Une commission multipartite réunie en 1994 à Oman a adopté une proposition israélienne

---

[181] Daniel Reisner, responsable juridique des négociations ayant mené aux accords de Taba et au traité de paix avec la Jordanie

visant à optimiser les systèmes de distribution d'eau dans les communautés de taille moyenne de Cisjordanie, et Gaza. Israël a augmenté la quantité d'eau transférée à l'AP, alors que de sévères restrictions étaient appliquées en Israël et que d'importants volumes étaient fournis à la Jordanie dans le cadre de l'accord de paix. Israël a rempli toutes les obligations imposées par l'accord intérimaire israélo-palestinien. Les Palestiniens reçoivent plus que le quota prévu. La juridiction sur l'eau a été transférée à l'AP dans les délais prévus et de nouveaux puits ont été approuvés. Israël et l'AP ont organisé des patrouilles pour surveiller notamment les vols d'eau.

Sécheresses

Fin des années 1970 et début des années 1980, le Moyen-Orient a subi une des pires sécheresses de l'histoire moderne. Le niveau du Kinnereth et celui du Jourdain sont descendu en dessous des seuils critiques. La situation s'est encore dégradée dans les années 1990 et au début du nouveau millénaire, avec une sécheresse encore pire de 2002 à 2012. Les Israéliens ont dû restreindre les forages de nouveaux puits pour eux et pour les Palestiniens. La sur-exploitation aurait provoqué leur salinisation.

Les fermiers arabes en Cisjordanie sont alimentés par environ 100 sources et 300 puits, creusés il y a plusieurs dizaines d'années et surexploités. Les restrictions visaient à empêcher des infiltrations d'eau salée. Pour alimenter en eau les villages juifs, des puits ont été creusés dans des aquifères profonds non utilisés auparavant, les Israéliens s'étant fait une règle de ne pas prélever d'eau dans les nappes utilisées par les fermiers arabes.

Conclusions

Jordaniens et Israéliens souffrent de pénurie d'eau et plus encore les Palestiniens. Tous en ont besoin pour leur développement économique et social. Israël transfèrera une partie de ses droits sur l'eau de l'Aquifère de montagne aux Palestiniens dans le cadre du Statut définitif à négocier. Des officiels israéliens de haut niveau, dont le Commissaire de l'eau, ont déclaré publiquement qu'Israël accepterait d'allouer une partie de son eau pour satisfaire les besoins domestiques des Palestiniens. Shuval[182], expert israélien indépendant, écrivait en 1996 : « Israël est intéressé à ce que les Palestiniens aient suffisamment d'eau, non seulement pour survivre, mais pour coexister en tant que voisins prospérant dans le bien-être et la sécurité. » Israël a ses problèmes de pénurie d'eau et est conscient qu'il ne pourra pas satisfaire tous les besoins futurs des Palestiniens.

Selon les principes de loi internationale sur l'eau, tous les riverains du bassin international du Jourdain doivent partager équitablement les ressources. Des experts ont considéré de demander aux pays de la région les mieux pourvus en eau, Syrie Liban, Turquie, de contribuer à l'approvisionnement en eau d'un pays arabe frère dans le

---

[182] Shuval, Hillel (1996) A Water for Peace Plan-Reaching an Accommodation on the Israel-Palestinian Shared Use of the Mountain Aquifer. *Palestine – Israel Journal* Vol III 3-4 Summer-Autumn.

besoin et d'aider les Palestiniens à satisfaire les besoins urgents en eau.

Respects des accords

Signer de nouveaux accords sans que les précédents soient respectés ne servirait à rien. Deux clauses sont dans ce cas : stopper les puits pirates et traiter les eaux usées. Les Israéliens insistent pour que les Palestiniens appliquent les accords avant d'en signer d'autres.

Approvisionnement en eau durable au Moyen-Orient

Des représentants des organismes scientifiques d'Israël, de Jordanie et de l'AP se sont rencontrés à Washington en 1994 pour définir comment ils allaient collaborer pour le bien de leurs communautés respectives. Ils décidèrent de mener une étude conjointe respectant les critères du Conseil National de la Recherche américain : approche globale incluant les aspects techniques, économiques et sociaux, sanitaires et de biodiversité. Ils appointèrent en 1995 un comité composé de membres venant d'Israël, de Jordanie, de Cisjordanie, de la Bande de Gaza, des USA et du Canada[183]. Sa première tâche fut de définir les critères de durabilité des ressources en eaux, dont la maintenance des écosystèmes. La zone étudiée comprenait Israël, la Jordanie, la Cisjordanie et la Bande de Gaza, mais ni la Syrie, ni le Liban, qui, bien que riverains du bassin du Jourdain, n'ont historiquement pas utilisé ses eaux. Le comité a étudié les alternatives sociales, phy-

---

[183] Ce Conseil Scientifique comprend 18 scientifiques de haut niveau, dont plusieurs Prix Nobel

siques et biologiques envisageables, qu'elles soient déjà applicables ou qu'elles nécessitent de nouvelles recherches. Il a appliqué le principe du respect des besoins de tous, y compris pour les générations futures, mais n'a pas fait de recommandations politiques. Il a seulement étudié les conditions technologiques et scientifiques pour une gestion efficace des eaux. Le comité s'est réuni aux USA, en Israël et en Jordanie. Il a mené des inspections sur le terrain dans les vallées du Jourdain, du Yarmouk et du Houlé. Son travail n'a pas été affecté par les tensions politiques au cours de l'étude. Les délibérations ont été menées avant tout sur un ton constructif dans le respect de la rigueur scientifique. Voilà ses conclusions.

Objectif général

Assurer la pérennité et la qualité sanitaire des sources d'eau de la région, tout en satisfaisant les besoins des populations, y compris pour les générations futures. L'étude a été menée selon les critères suivants : vision régionale, prise en compte des besoins des générations présentes et futures dans l'équité (les enfants et petits-enfants de la génération actuelle doivent avoir au moins les mêmes capacités d'accès à l'eau que la génération actuelle), maintien des écosystèmes, essentiels pour la durabilité des ressources en eau, en prenant en compte le lien étroit entre qualité et quantité de l'eau.

Zone couverte par l'étude et usage de l'eau

La zone couverte par l'étude a été limitée à la Cisjordanie, la Bande de Gaza, Israël et la Jordanie. Le climat de la

zone étudiée est chaud et sec : elle comprend une côte
sèche et une chaîne de hauteurs, forestière au nord, évo-
luant vers une zone semi-désertique, puis désertique
vers le sud. La plus grande partie de la zone reçoit moins
de 250 mm de pluie par an. Seules les hauteurs du nord-
ouest (Galilée et Golan) reçoivent de 600 à 1000 mm de
pluie par an. Les paysages et données hydrologiques de la
zone ressemblent à ceux du reste du Moyen-Orient, du
Yémen au sud, à l'Iran vers l'est, la Turquie au nord et
jusqu'à la Libye à l'ouest. La zone étudiée comportait 12
millions d'habitants, avec des pourcentages variables de
centres urbains. En 1994, le total des eaux consommées
dans la zone était de 3 183 M m³/an. La moyenne annuelle par habitant était d'environ 260 m³, en croissance
en Cisjordanie et en Jordanie et en baisse en Israël.
L'irrigation y représente plus de la moitié des eaux consommées, allant de 57% en Israël (avec un objectif à
40%) à 72% en Jordanie, sans compter les eaux usées
recyclables pour l'irrigation. Les problèmes d'eaux et
d'environnement sont semblables à ceux des pays voisins
et des régions arides d'Afrique, d'Australie et des USA.
De nombreux facteurs extérieurs à la zone influencent
l'usage des eaux qui y est fait, beaucoup non prévisibles.
Les habitants y vivent et resteront sous stress hydrique.
La population continuera à croître au même rythme que
par le passé. L'économie s'y développe, y compris en Jordanie et en Cisjordanie. Vu la disparité entre l'économie
d'Israël et celle de Jordanie et des territoires palestiniens,

certaines des solutions techniques de conservation, de distribution et de production d'eau prendront un certain temps avant d'être utilisées partout dans la zone étudiée.

L'eau et l'environnement

Les écosystèmes naturels sont des acteurs essentiels, souvent ignorés pour maintenir la qualité et la durabilité des approvisionnements en eau, par les services qu'ils apportent: fonctions naturelles bénéfiques aux hommes, à la nature et à la vie sauvage. Les écosystèmes de la zone étudiée fournissent des services importants pour la durabilité des sources : la végétation permet de contrôler les ruissellements ; de nombreuses plantes, en particulier dans les zones humides, aident à filtrer les eaux et à réduire les effets néfastes des inondations et l'érosion en diminuant la vitesse des écoulements de surface après les pluies. Les eaux de surface apportent aussi d'importants bienfaits : les cours d'eau aident à assimiler les eaux usées, les lacs servent de réservoirs pour des eaux propres, elles servent d'habitat à de nombreuses plantes et espèces animales importantes pour l'homme et pour le fonctionnement des écosystèmes. Les écosystèmes, terrestres comme aquatiques, requièrent de l'eau pour leur propre survie.

La durabilité des approvisionnements en eaux nécessite donc que les écosystèmes naturels soient considérés comme des usagers légitimes des ressources en eau. Un environnement biologiquement appauvri fournit moins de services et ceux-ci sont de moindre qualité. D'où l'importance économique de préserver la biodiversité. Des ONG et des individus sont engagés dans sa protection et ceci se reflète dans les lois d'Israël et de Jordanie et dans leurs engagements internationaux. La planification des développements des systèmes hydriques doit tenir compte des besoins de la biodiversité. Une telle approche appliquée au bassin du Jourdain dans son ensemble oblige à examiner l'impact des mesures proposées sur la biodiversité des zones humides, des lacs, des rivières et des côtes de la Mer Morte. Un tel examen manque à ce jour et devra être inclus dans toute action future destinée à augmenter la disponibilité des eaux et à en améliorer la qualité. Sans les services apportés par les écosystèmes naturels, il serait difficile et onéreux, voire impossible, de maintenir des approvisionnements en eau de bonne qua-lité dans la zone étudiée. Les considérations environne-mentales sont donc un élément essentiel pour la durabili-té des ressources en eau à prendre en compte dans la planification.

Relations hydriques et planification des ressources

Les eaux de la zone étudiée sont partagées, car toute la région est en liaison hydrologique ignorant les frontières. Tout changement des volumes et de la qualité des eaux disponibles dans une partie de la zone a un impact sur les eaux dans les autres parties. Il est donc nécessaire que la planification des ressources se fasse avec une vision de l'hydrologie globale de la région. Par exemple, l'Aquifère de montagne étant à cheval sur Israël et la Cisjordanie, tout plan de localisation des puits pour maximiser l'exploitation doit tenir compte de sa totalité. Les autorités responsables, nationales et internationales, doivent acquérir et gérer les données sur l'eau, sa disponibilité et ses usages en utilisant les mêmes méthodes, techniques et protocoles et échanger les résultats des recherches dans une base de données régionale collaborative. Toute approche régionale doit prendre en compte à la fois la nécessaire équité humaine à atteindre et les droits établis sur les ressources en eaux.

Options pour l'avenir

Le respect des besoins des générations futures implique la nécessité d'une gestion appropriée des ressources avec suivi de leur qualité, la mise en place d'une R&D pour un usage de l'eau plus efficace, sans contamination des sources. Chaque projet et chaque type d'usage (barrages, usines de traitement des eaux usées et de ruissellement, systèmes de distribution d'eau, recyclage, dessalement) doivent être évalués quant aux impacts sur les générations futures. La protection des aquifères et de leurs zones de recharge doit être assurée par un usage approprié et équitable des sols et des eaux de ruissellement.

Le rapport du groupe de travail évalue les options afin d'orienter les usages futurs des eaux, en prenant en compte les critères reconnus comme indispensables par tous les participants. Les options étudiées concernent l'efficacité des usages et l'utilisation de technologies aux performances prouvées. Le comité a identifié les critères de choix entre les différentes options de planification des ressources : efficacité du prélèvement sur des ressources additionnelles, effets comparés d'options permettant d'augmenter significativement la disponibilité et celles ayant des effets modestes, faisabilité desdites options et leur impact sur l'environnement. L'option réduira-t-elle ou augmentera-t-elle la qualité et/ou le volume de l'eau mise à disposition pour d'autres usages ? Quels seraient ses impacts négatifs éventuels sur l'environnement et cela affectera-t-il les habitats aquatiques et terrestres ? Cela provoquera-t-il des pertes en termes de biodiversité, de disparitions d'espèces et quel rôle ont ces espèces menacées ? Enfin les facteurs de viabilité économique de chaque option sont étudiés : coûts et bénéfices, résultats déjà obtenus par l'option choisie, définition du ou des bénéficiaires auxquels elle s'adresse. Il est fondamental de ne pas se contenter du coût et comparer l'ensemble des options applicables à un cas donné selon l'ensemble des critères.

Le développement durable demande la prise en compte des implications pour aujourd'hui et pour les générations futures, sachant qu'il faut maintenir la qualité de l'environnement dans des conditions au moins aussi bonnes que pour la génération actuelle, sans perte d'accès aux ressources, ni dégradation de qualité. Le maintien d'un approvisionnement en eau de qualité dans la région sera très coûteux s'il ne bénéficie pas des services des écosystèmes naturels. Il est donc essentiel de prendre en compte tous les besoins environnementaux dans la planification d'un système hydrique durable.

Etant donné la croissance de la population, les volumes et la qualité de l'eau ne pourront pas être maintenus si des méthodes de conservation adéquates ne sont pas appliquées aux trois secteurs d'usage de l'eau : urbain, agricole et industriel. Il faut trouver un équilibre entre qualité de la vie et développement économique, selon les ressources en eaux disponibles. Les mesures permettant de réduire la demande sont connues. Elles requièrent des incitations sociétales et économiques pour être efficaces. Les mesures de conservation ont un impact positif à la fois sur la qualité de l'eau et sur l'environnement.

Economies dans la consommation des ménages

Des mesures d'économies efficaces sont déjà mises en œuvre par les ménages israéliens : économiseurs d'eau sur toutes les chasses d'eau, les douches, les robinets, les machines à laver le linge et la vaisselle, recyclage des eaux grises ; des campagnes de communications informent le public de la nécessité de réparer les fuites et déconseillent le broyage des ordures sur évier. Le gouvernement pratique une politique de vérité des prix par rapport au coût, tout en appliquant un tarif social pour le minimum vital aux populations les plus défavorisées. L'arrosage des jardins n'est autorisé que la nuit ou à l'aube. Dans les écoles on enseigne les comportements afin de ne pas gaspiller l'eau. Toutes les entreprises sont incitées à adopter des pratiques économisant l'eau. Les économies d'eau réalisées par les économiseurs sur les appareils traditionnels sont évaluées dans le rapport. Celui-ci recommande l'installation de compteurs d'eau sur toutes les connections, le rationnement quand cela s'avère indispensable et le recyclage des eaux « grises ». Dans les nouveaux quartiers, il est obligatoire d'installer un double système d'adduction d'eau, avec eau non potable pour les chasses d'eau et l'arrosage des jardins, réduisant ainsi le coût du traitement des eaux usées et du recyclage.

Agriculture

Le secteur agricole est le plus gros consommateur d'eau dans la région couverte par l'étude. La réduction la plus spectaculaire de la demande vient de la généralisation des systèmes d'irrigation goutte-à-goutte d'une part et la suppression de toute subvention de l'eau pour usage agricole d'autre part. Cette méthode réduit fortement la pollution des aquifères par pesticides et engrais provoquée par les méthodes traditionnelles d'irrigation. La généralisation du goutte-à-goutte s'est faite rapidement en Jordanie. Elle démarre en Cisjordanie, où c'est le seul moyen pour les agriculteurs d'augmenter leur revenu.

Les Israéliens ont réussi à réduire la consommation d'eau pour l'agriculture de plus de 200 M m^3/an entre 1985 et 1993, tout en augmentant sa productivité. La recherche scientifique, le rationnement et une politique agricole adaptée sont des leviers puissants de réduction de cette consommation. La demande non agricole augmentant, le rôle économique de l'agriculture doit être révisé et la productivité économique de chaque culture évaluée. La politique agricole doit décourager les cultures trop gourmandes en eau au bénéfice de celles en demandant bien moins ou qui acceptent les eaux saumâtres (cet usage améliore la qualité des produits et augmente leur prix sur le marché). Il existe d'abondantes ressources en eaux saumâtres dans la région couverte par l'étude.

La collecte des eaux de ruissellement et de crues dans les oueds est une ressource additionnelle. L'évaporation est fortement réduite par des cultures en milieu fermé, sous tunnels plastiques ou serres. La gestion informatisée de l'irrigation au goutte-à-goutte apporte des engrais en quantités limitées, entièrement consommés par la plante, évitant la salinisation des sols et leur pollution. L'usage systématique par l'agriculture d'eaux usées recyclées améliore de manière durable le bilan économique de cette activité. Israël ne fournira aux agriculteurs que des eaux recyclées et saumâtres et ne leur livrera plus d'eau potable pour les cultures d'ici fin 2020. Ces mesures réduisent fortement les impacts environnementaux par rapport aux cultures traditionnelles.

Prix et politiques de prix

Subventionner le prix de l'eau sans tenir compte de la réalité économique est mal adapté aux zones en pénurie. Il y faut des politiques réduisant la consommation et favorisant l'efficacité. Les tarifs de l'eau doivent refléter son coût réel pour envoyer les signaux appropriés aux consommateurs. Une politique de prix basée sur le prix de revient marginal et fonction du moment d'usage est efficace car elle encourage les économies, la demande réagissant normalement aux variations de prix.

Augmenter les ressources

Malgré les efforts pour réduire la demande et même si les techniques et méthodes israéliennes étaient généralisées à toute la zone étudiée, l'eau fraiche disponible ne suffirait pas. Il faut aussi une augmentation des ressources afin de satisfaire les besoins humains futurs. Les pluies sur la région sont inégalement réparties dans le temps. La saison sèche, sans aucune précipitation, dure au moins 6 mois. Des réservoirs collectant l'eau durant la saison des pluies et la rendant disponible tout au long de l'année sont nécessaires. Le Kinnereth sert de réservoir naturel dans le nord. Les pertes par évaporation des réservoirs de surface dans le sud sont fortes. Dans l'Antiquité, l'usage de réservoirs souterrains était répandu. Avec l'urbanisation, qui imperméabilise les sols, la collecte des eaux de ruissellement pour recharger les aquifères apporte des ressources significatives.

Pour compléter l'exploitation des ressources naturelles non encore utilisées et l'importation d'eau des pays de la région disposant des moyens, la généralisation dans toute la région des mesures appliquées en Israël sera nécessaire : usage d'eaux de moindre qualité (eaux saumâtres, de mer, « grises »), recyclage, ensemencement des nuages pour plus de pluies et dessalement.

Applications et nouvelles recherches

Pour chaque projet, se posent deux questions : a-t-on pris en compte toutes les données concernant l'option et son acceptation ? De nouvelles recherches modifieront-elles l'évaluation faite ? Ainsi, la nécessité de réalimenter la Mer Morte afin de stopper sa disparition progressive est admise, tout comme le fait que cela ne peut se faire que par apport d'eau de mer en provenance soit de la Mer Rouge, soit de la Méditerranée. FOEME remet en cause cette certitude : elle propose une alternative sans risque écologique et moins coûteuse.

Aucune étude de l'ensemble des données sociologiques affectant la consommation de l'eau n'a été menée. De nouvelles technologies de dessalement ou de filtrage permettraient d'augmenter localement les ressources dans les zones arides. Les agences de recherche font face à un défi : choisir quelles technologies et stratégies de management à explorer. Ce n'est pas la pénurie d'eau qui est cause de conflit, mais sa mauvaise gestion.

Les moyens existent pour remplir l'ensemble des besoins humains en eaux dans la région, mais la paix est indispensable pour les mettre en œuvre. Le refus de coopérer avec Israël de ses voisins a empêché que la bonne gestion de l'eau soit le véhicule de paix qu'elle pourrait être. C'est le rôle des organismes internationaux et des pays qui cherchent à promouvoir la paix dans la région de favoriser cette hydro-diplomatie afin de rendre le retour à la guerre irréaliste.

La loi internationale

La loi internationale apporte un élément de prédictibilité objectif. Elle constitue une fondation solide sur laquelle construire et sert d'arbitre aux disputes, et elle crée un climat propice à la coopération sur la gestion conjointe de l'eau et la préservation des ressources.

Collaborations sur le terrain

Divers projets montrent que la collaboration au bénéfice des deux populations fonctionne au niveau local, même si la posture politique de l'AP reste une attitude de confrontation et de déni de la légitimité israélienne.

Le 6ème Forum mondial de l'eau a été typique de cela. En fin 2011, en préparation du Forum 2012 de Marseille, Loïc Fauchon, le Président du « World Water Council » a rencontré le Ministre palestinien de l'eau. Il lui a proposé d'organiser une rencontre à haut niveau entre Israéliens, Palestiniens et Jordaniens, afin d'encourager la mise en œuvre de solutions conjointes pour l'eau. Le Ministre a exprimé son soutien à toute mesure qui favorisera l'accès des Palestiniens à l'eau. Un projet d'assainissement des eaux usées de la vallée transfrontalière du Cédron entre Jérusalem et la Mer Morte a été annoncé par Israël et l'AP[184]. Il changera le quotidien de 200 000 Israéliens et Palestiniens, et fait espérer une vie meilleure pour tous. Le Comité chargé du projet est composé d'experts des

---

[184] Pollution in a Promised Land - An Environmental History of Israel, par ALON TAL, University of California Press

deux bords. Mais pour raison politique, les Palestiniens n'étaient pas dans la salle lors de la session « *L'avenir du Bassin du Cédron : égout ou eau ? Pauvreté ou prospérité* ». Le projet a été présenté par Naomi Tsur, Maire adjoint de Jérusalem[185] chargée du planning et de l'environnement, en présence de Gery Amel[186] et Avner Goren[187]. Cela n'empêche pas le groupe de travailler sur le terrain et ses membres de s'apprécier mutuellement, voire de partager un café après les sessions. Le Comité a pour mission de régler un problème concret et cette réalisation restera, indépendamment des futures frontières. Pour mesurer l'ampleur du défi, il faut se remémorer le contexte : le projet d'assainissement des eaux usées de la Vallée du Cédron a été lancé quand des milliers de roquettes et missiles lancés de Gaza tombaient sur le sud d'Israël. Il permettra d'assainir 35 000 m^3 d'eaux usées non traitées rejetées quotidiennement dans la vallée. La pollution que cela engendre, rendait ce lieu biblique inhospitalier. Peut-on souhaiter cela d'une « terre sainte » pour les Chrétiens et les Juifs ? Le Comité de la Vallée du Cédron s'est créé pour un long et difficile travail de terrain de 3 ans avant de pouvoir annoncer le projet. Il mobilise une équipe d'ingénieurs israéliens, palestiniens et d'« *Ingénieurs Sans Frontières* ». Naomi Tzur, a rappelé : « nous avons

---

[185] Contact presse: M. Elad Halevy hlelad@Jerusalem.muni.il
[186] Directeur du projet de drainage de la Mer Morte
[187] Co-directeur du projet « Kidron Rehabilitation Project » (conjointement avec Shahad al-Attili de PWA)

intensifié nos actions de régénération de la rivière au bénéfice des riverains. Au-delà des questions politiques, notre espoir est de restaurer cette vallée et de résoudre vite ses problèmes d'environnement et de santé[188] ». Un pas a été franchi. Le double discours existera toujours : l'officiel, disant des choses désagréables parfois, et l'autre, celui de collaboration, incarné par des hommes et des femmes qui travaillent ensemble sur le terrain pour l'avenir.

Israël et l'AP forment un éco-parc joint[189]

Israël et l'AP ont lancé le premier éco-parc conjoint. Il résultera de la collaboration entre la ville de Djénine et le Conseil Régional de Guilboa, qui ont décidé d'unir leurs forces pour sauver le Kishon, une rivière de 70 km, s'écoulant des Monts Guilboa jusqu'à la baie de Haïfa. Elle est la plus polluée des rivières en Israël et la manière de lui redonner vie a fait l'objet de controverses. Les équipes israéliennes et palestiniennes, menées par Daniel Atar, Président du Conseil Régional de Guilboa et Moussa Qadoura, Gouverneur de Djénine, ont planifié le futur éco-parc du Kishon. L'initiative résulte de la prise de conscience par les deux parties que l'environnement est un problème commun. Son succès servira de modèle à d'autres projets écologiques conjoints. La réhabilitation englobe 3 km de chaque côté de la barrière de sécurité.

---

[188] Vidéo sur Youtube : la problématique des eaux usées de la vallée du Cédron
[189] Source Ynet

Le projet est complexe car les alluvions dans le lit de la rivière ont été polluées par des effluents industriels bruts. Pour redonner vie à celle-ci il faut donc draguer toutes ces alluvions, les dépolluer avant de les remettre en place. Le ministère a accordé un budget de 50 M € à ce projet[190].

Le Conseil de Guilboa et la municipalité de Djénine ont des relations de bon voisinage, qui leur ont permis de promouvoir des projets de développement au bénéfice des deux populations. Le nouveau projet met en avant des valeurs communes : la paix régionale et la protection de l'environnement. Il y aura des parcs publics des deux côtés, avec l'espoir qu'un jour ils n'en fassent plus qu'un. Le Directeur des Eaux palestinien, Nader al-Khateeb, soutient le projet, il a déclaré : « L'environnement et l'eau ne connaissent pas les frontières, ils devraient être un pont de paix entre Israéliens et Palestiniens ».

Le programme PEGASE de l'UE

Les coopérations incluent aussi les projets soutenus par le programme PEGASE de l'UE dans les territoires gérés par l'AP ou à Gaza : construction d'infrastructures dont les Palestiniens ont besoin pour gérer de manière durable leurs ressources naturelles. De 2005 à 2010, l'UE a apporté plus de 116 M € pour la réhabilitation d'infrastructures de services publics. Depuis 2011 ses interventions se font par le programme PEGASE et visent

---

[190] Israel Environment Bulletin, Volume 39, juillet 2013

l'eau potable et ce qui a trait à l'hygiène. En 2011, l'UE a engagé 22 M € dans ces secteurs, en particulier pour des infrastructures d'adduction d'eau dans les Gouvernorats de Tulkarem et Djénine et pour l'amélioration de celles du Gouvernorat d'Hébron.

L'UE soutient les projets coopératifs entre les autorités de l'eau d'Israël, de Jordanie et de l'AP sur l'optimisation des politiques régionales[191].

Traitement des ordures solides et des eaux usées

Le traitement des ordures solides et des eaux usées est un point focal pour l'UE. Elle cherche à promouvoir la construction d'usines de traitement des eaux usées pour recyclage et éviter qu'elles ne polluent les aquifères. Cela contribue à préserver les ressources et permet d'allouer plus d'eau fraiche aux usages domestiques. Pour faire face au sérieux manque d'eau qui y règne, elle s'engage à fournir 10 M € pour une usine de dessalement de l'eau de mer et à y réaliser d'autres infrastructures. L'UE investit à Gaza dans la collecte des ordures et leur mise en dé-charges gérées aux normes de sécurité et d'hygiène et permettant de protéger la qualité des eaux. De 2010 à 2012 l'UE a contribué plus de 9 M € pour les décharges de Djénine, de Hébron et de Bethléem.

---

[191] Les méthodes avancées de gestion des eaux pour l'agriculture sont parta-gées avec tous les pays en zones arides, dont certains n'ont aucune relation diplomatique avec Israël, par MASHAV, l'agence israélienne d'aide au dévelop-pement, qui organise avec l'agence de l'ONU sur le développement durable (DESA) des conférences d'experts et forme des centaines d'experts par an.

Collaboration régionale sur l'irrigation

Un scientifique Israélien, le Dr Daniel Hillel, a créé un système innovant pour apporter de l'eau aux plantes dans les zones arides. Il a reçu pour cela le prix mondial 2012 décerné par la « World Food Foundation ». Ce prix souligne l'importance des transferts de savoir-faire sur la micro-irrigation mise au point par le Dr Hillel pour améliorer la sécurité alimentaire. Résoudre les problèmes de la faim rassemble les gens, quelles que soient leurs différends politiques, ethniques, religieux ou diplomatiques. Le travail du Dr Hillel et sa motivation forment un pont entre les individus, promouvant la compréhension réciproque au Moyen-Orient en luttant contre la pénurie en eau d'un grand nombre. La nomination pour ce prix s'est faite avec le support d'individus et d'organisations en Jordanie, Egypte et aux Emirats Arabes Unis. Dans son discours d'acceptation, le Dr Hillel a déclaré : « Le défi de plus en plus urgent de notre génération est d'améliorer la gestion durable des ressources limitées et vulnérables de la planète en sols, eaux, énergie, au bénéfice de l'humanité et pour les générations futures, en maintenant dans leur intégrité environnementale les communautés naturelles et biotiques. La coopération globale et la recherche scientifique intégrée sont la seule solution. » Cette collaboration et les transferts de savoir-faire qu'elle implique font partie de la politique d'Israël depuis sa naissance. Venu de Californie à un jeune âge, le Dr Hillel a passé son enfance dans la vallée de Jezréel puis celle du

Jourdain, où est né son intérêt pour l'agriculture et l'écologie. Il a participé au recensement national des sols et de l'eau et a été un des fondateurs du kibboutz Sdé-Boker dans le Néguev. Ses recherches ont porté sur les méthodes d'irrigation, apportant l'eau et les nutriments en très faible quantité mais en continu, directement aux racines des plantes, réduisant la quantité nécessaire pour les maintenir en bonne santé, ce qui permet d'améliorer le rendement des récoltes.

Perspectives

« L'avenir des pays de la zone Moyen-Orient – Afrique du Nord dépend de l'usage rationnel des ressources en eau » : cette déclaration d'Ibrahim Abd El-Al résume la situation et reflète les objectifs du Conseil arabe de l'eau *Public Engagement in Water Management* (PEWM) qui a pour mission de promouvoir la gestion intégrée des sources pour rendre durables les approvisionnements, et la croissance économique et sociale des peuples arabes. Il est financé par la Banque Mondiale et veut sensibiliser les parties prenantes sur les problèmes, la nécessité de leur collaboration, le développement du rôle de la société civile dans la surveillance et le suivi des usages de l'eau et la facilitation du dialogue entre responsables de l'eau et société civile. C'est un beau projet, mais, en excluant de la liste de ses membres le seul pays de la région qui possède une véritable expertise en ce domaine, Israël, il perd en efficacité[192]. En effet, sur les deux composantes du projet (diagnostic sur la gouvernance de l'eau et développement de la participation de la société civile à celle-ci), sa contribution aurait pu être déterminante. On peut d'autant plus le regretter que les relations bilatérales d'Israël avec chacun des pays du Comité (sauf le Liban), au moment du lancement de ce projet, étaient neutres, voire bonnes. Le Comité National de l'Association des Amis d'Ibrahim Abd El Al (AFIAL) est chargé de sa mise en œuvre au Liban. Il organise des séminaires de formation et gère un site web[193]. Il travaillait en collaboration avec l'UNIFIL (les forces des Nations Unies au Liban chargées de surveiller le cessez-le-feu à la frontière israélo-libanaise)[194].

Perspectives techniques applicables par tous

Basse technologie : les barrages de retenue pour récupérer les eaux de ruissellement, de crues et celles d'irrigation extensive, la généralisation des économies et le rééquilibrage de la consommation entre secteurs.

Haute technologie : usage d'eaux saumâtres pour irrigation directe, dessalement d'eaux de mer, Canaux Mer Rouge-Mer Morte et Haïfa-Vallée du Jourdain, agriculture économe en eau. Généralisation du tout à l'égout et du recyclage, y compris de toutes les eaux grises, qu'elles soient d'origine industrielle ou résidentielle.

---

[192] Egypte, Maroc, Tunisie, Jordanie, Palestine, Yémen, Liban
[193] Arab Water Council, Public Engagement in Water Management
[194] Le détail des projets de l'AFIAL se trouver sur son site

L'espoir né de l'hydro-diplomatie

La pénurie d'eau dans le bassin du Jourdain peut être source de conflit ou vecteur de collaboration entre les hommes, selon la députée européenne Sophie Auconie[195]. Une négociation globale n'étant pas possible en raison du refus arabe, on a pris l'habitude de discuter sur des points particuliers et des accords spécifiques sur l'eau ont pu être signés. Les Israéliens, pragmatiques, ont non seulement rempli leurs obligations dans le cadre de ces accords, mais sont allés au-delà de leurs engagements pour éviter des dommages à l'environnement, qui les affectent autant que l'autre partie.

Dans la négociation globale, il est prévu que les questions de l'eau soient réglées définitivement en tenant compte de l'objectif accepté qui a préparé les Accords d'Oslo : une égalité complète de toutes les populations face à l'eau. Cet objectif ne peut être atteint que par paliers, grâce aux transferts de technologie des Israéliens vers les Palestiniens, seuls moyens pouvant résoudre la pénurie intrinsèque due au climat et à la géographie.

Les Israéliens sont en pratique gestionnaires de l'eau.

Les paysans arabes palestiniens ne sont probablement pas au courant des obligations de leurs dirigeants par les accords bilatéraux. Quand les Israéliens font la police de l'eau et ferment les puits pirates, on leur répète qu'il s'agit là d'une conséquence de l'occupation. L'AP se garde

---

[195] Colloque « *Relever le défi de l'économie verte* » Cercle de l'Eau nov. 2012

bien d'expliquer aux paysans que leur manière d'exploiter ces puits et de ne pas traiter les eaux usées met en
danger les nappes phréatiques.

La situation actuelle présente certains avantages pour
des dirigeants, dénoncés par les ONG palestiniennes
comme par Ma'an : mauvaise gestion, corruption. Sans la
« police de l'eau » des Israéliens, les aquifères seraient
pollués et menacés, comme le sont ceux de Gaza.

L'AP a une attitude ambiguë. Sur le terrain, elle collabore
avec les Israéliens pour régler les problèmes et satisfaire
les citoyens. Sur le plan international, elle clame des revendications politiques souvent démagogiques : « l'eau
tombe sur la montagne de notre côté, elle est donc à
nous. Elle s'écoule ensuite du côté israélien, mais elle est
à nous quand même », voire : « les Israéliens nous inter-
disent de prendre de l'eau, c'est un apartheid », avant
d'en arriver au motif ultime de toute la communication
palestinienne : « Nous ne pouvons pas investir dans les
infrastructures (adduction d'eau, égouts et recyclage)
sans vos financements ». Du fait qu'ils sont confinés au
rôle du gendarme, les Israéliens s'exposent à la propagande des responsables de l'incurie. Ils investissent pour
protéger les ressources partagées, plutôt que de laisser
les aquifères se polluer. Si la situation est « gagnant-
gagnant » pour ceux qui reçoivent des financements sans
les affecter à l'objectif « eau », elle est « perdant-
perdant » pour les Israéliens : quand ils respectent leurs
engagements et approvisionnent en eau les Arabes pales-

tiniens, l'opinion occidentale en conclut qu'ils réparent un tort dont ils sont responsables.

Il est pratique de dénoncer un coupable pour présenter une vue simple au public. Mais c'est contre-productif car cela empêche de comprendre que la question de l'eau dans l'ensemble de la Palestine dont le mandat fut donné à l'Angleterre pour y créer l'état du Peuple juif, Israël, Territoires palestiniens et Jordanie, ne pourra pas être réglée de manière durable séparément : ils manquent tous d'eau, alors que le Liban, la Turquie, la Syrie et même l'Arabie Saoudite (qui possède des usines de dessalement de l'eau de mer) pourraient les approvisionner.

Le problème de l'eau est toujours un problème global. Il doit être résolu dans le cadre de tout le Proche-Orient et pas seulement dans des négociations bilatérales.

7   Bibliographie

A – Médias
- Arte - Le Dessous des cartes, Une guerre pour l'eau, juillet 2010
- L'humanité va-t-elle manquer d'eau ? – Académie des Sciences, Le Figaro, 20 janvier 2012
- Kinneret rises 2 meters, Yuval Azulai , Globes 22 Mars 2012
- *Le Temps*, supplément Illustré de Juillet 1922, intitulé « La Palestine Nouvelle et l'effort sioniste », par Jacques Calmy
- L'eau, enjeu majeur entre Israël et Palestine, Marielle Court, Le Figaro, 20 mars 2013
- L'eau potable impayable en Cisjordanie, France Inter, 8 avril 2013
- « L'eau de chez vous – l'eau de chez eux », film de Félix Vigné, 2013

B – Ouvrages et rapports scientifiques
- International Law and Freshwater : the Multiple Challenges, par Laurence Boisson de Chazournes, Christina Leb, and Mara Tignino
- Le droit international peut-il aider à résoudre le cas du Bassin du Jourdain ? Par Raya M. STEPHAN - Université de Versailles
- La réutilisation des eaux usées traitées en Méditerranée par Nicolas Condom, Marianne Lefebvre, Laurent Vandome - Plan Bleu – 2012
- Le droit international de l'eau, état des lieux - Anna Poydenot - Faculté de droit – Paris 5 Descartes (L3) - Note d'analyse du Ciheam N° 29 – février 2008
- OECD-FAO Agricultural Outlook 2010-2021
- "Human Development Report" de 2006 – UNDP, sur l'accès à des sources durables d'eau potable et la disponibilité du tout-à-l'égout.
- Le droit relatif aux utilisations des cours d'eau internationaux à des fins autres que la navigation : étude des cours d'eau internationaux

dans le monde arabe, par Kindier, Adeel (2008). Thèse de doctorat, Université Robert Schuman.

- SPNI - Integrated management of rivers as a basis for rehabilitating the provision of ecosystem services
- Altering the Water Balance as a Means to Addressing the Problems of the Dead Sea, An Independent Assessment of Alternatives for a "Water Conduit" and the Achievement of Its Objectives, The JIIS Series no. 417,
- L'eau en Israël : L'innovation pour répondre à une situation difficile ; vers l'indépendance de l'or bleu, par Marianne Miguet, Chargée de mission, Bureau scientifique de l'Ambassade de France en Israël, décembre 2011
- Différentes approches culturelles en France et en Israël concernant le recyclage des eaux usées, Ezra Banoun, sur le site de la SPNI - http://www.natureisrael.org/France
- Water Quality in the Gaza Strip: The Present Scenario, M Abbas, M Barbieri, M Battistel, G Brattini... Journal of Water Resource and Protection, 2013, 5, 54-63
- Discussion – Comment on Geomorphology and Hydrology of the Wadi Gaza Catchment, Gaza Strip, Journal of African Earth Sciences, Joel Roskin, Nathaniel Bergman
- Les sources du droit à l'eau en droit international, Marie-Catherine PETERSMANN, Editions Johannet, mai 2013.
- L'eau matière stratégique et enjeu de sécurité au 21ème siècle, Abdessamad DRIS, Université Paris 10 - DEA Sciences Politiques 2005
- La politisation des accords d'Oslo sur la question de l'eau, thèse de Lauro Burkart, Institut de hautes études internationales et du développement de Genève, 2013
- Voir aussi Agropolis, Séminaire 2013 sur la sécurité alimentaire

- Dialogue in development – Water resources, 3rd World Congress of Engineers and Architects in Israel, edited by Joshua Prushansky, June 1974
  - o   Part I – Water Supply
  - o   Part II – Water resources systems and irrigation
  - o   Part III – Water quality
- COOPÉRATION DÉCENTRALISÉE POUR L'EAU EN PALESTINE : GUIDE 2013 DES BONNES PRATIQUES (document AFD) http://www.afd.fr/webdav/shared/Coop%C3%A9ration%20d%C3%A9centralis%C3%A9e%20pour%20l'eau%20en%20Palestine%20Guide%20des%20bonnes%20pratiques.pdf

C – Sources internationales et historiques
- Jews in Palestine, A. Revusky – The Vanguard Press – 1935
- Palaestina *ou "Voyage en Palestine"*, œuvre écrite en 1695, par Hadrian Reland, cartographe, géographe, philologue et philosophe hollandais. Publié en Français en 1714 aux Editions Brodelet.
- Palestine: Land of Israel, Pierre Van Paasen – Ziff-Davis Publishing Company,1948
- Palestine Today and Tomorrow, John H. Holmes, George Allen & Unwin Ltd. 1929
- Palestine Land of Promise, Walter Clay Lowdermilk, London, 1945
- Illustrated Geography of Palestine – Ouvrage Anglais et Hébreu
- L'eau et le droit : quel cadre juridique pour une gestion commune et équitable des eaux du bassin jordanien ? Mécanismes juridiques et gestion de l'eau. Gaël Bordet
- Le régime juridique des ressources en eau internationale – (FAO) par Dante A. Caponera, Chef du Service de législation, Bureau juridique, Rome, 1981

- Which treaties/agreements address the issue of water? – par Mélanne Andromecca - Mars 1999, Procon.org
- Agreements, Plans, Negotiations and Positions, Passia.org , et Naff and Matson, UNU Press 1984
- Zionism and water: Influences on Israel's future water policy during the pre-state period, par A. R. Rouyer, Arab Studies Quarterly, Fall 96, Vol. 18 Issue 4, p25, 23p
- Come Hell or High Water : A Water Regime for the Jordan River Basin 75 Wash. U. L.Q. 919
- Le régime juridique international des eaux souterraines, par Julio A. Barberis, Annuaire français de droit international XXXIII - 1987 - Editions du CNRS, Paris.
- Le droit international de l'eau existe-t-il ? Evolutions et perspectives, J. Sironneau, MEDD, novembre 2002
- Plan d'action de la CIPEL – sur leur site
- Rapport de la Banque Mondiale – N° 12 147 RP 04 – Red Sea – Dead Sea Water Conveyance Study Water Feasibility Study – July 2012,
- Le Conseil Mondial de l'eau entre les forums de La Haye et de Marseille, par René Coulomb, Editions Johanet, 2012

D - Traités et accords internationaux et entre les parties
- Traité de Paix Israël/Jordanie 1994 et Israeli-Palestinian Agreement on Cooperation in Environmental Protection and Nature Conservation, 1995 sur ProCon.org
- The Israeli-Palestinian interim agreement (Annexe III) - 28 septembre 1995

E – Sources arabes
- Gestion et hydrodiplomatie de l'eau au Proche-Orient – par Fadi Georges Comair – Editions l'Orient le jour

- Les éléments de la formation d'un Etat juif en Palestine, par Robert Abdo Ghanem, Société d'impression et d'édition, Beyrouth, 1946
- Note on the Palestine problem, submitted to the Anglo-American Inquiry Committee, par Sayegh Fayiz pour le National Party Beyrouth, mars 1946
- PWA – Discours du président de la Commission palestinienne de l'Eau, Shaddad el-Attilli
- Fayyad Inaugurates First Water Dam in Palestine –Agence WAFA – 16 avril 2012
- AFIAL – Description de ses projets sur son site Internet
- Monitoring Public Engagement Water Management in the MENA region, par Peter P. Molinga, Conseil Arabe de l'Eau, 2/11/2010
- Water For One People Only: Discriminatory Access and 'Water-Apartheid' in the Occupied Palestinian Territory – rapport de l'ONG Al-Haq , 08 April 2013

F – Sources israéliennes
- Rapport Gvirtzman - La Question de l'eau entre Israël et les Palestiniens - La position israélienne – Université Hébraïque de Jérusalem, 2011
- COGAT - Vol. 5: 167-179.1995 CLIMATE RESEARCH, publié le 22 juin 1995
- Temporal variations of rainfall in Israel - Yair Goldreich - Department of Geography, Bar-Ilan University, 52900 Ramat-Gan, Israel
- Israel's Water Eco-system – National Sustainable Energy and Water Program – Ministère de l'Industrie,
- Israël Palestine, demain deux Etats partenaires? Jacques BENDELAC – Armand Colin 2012

G – Sources politiques

- Rapport d'information « *La géopolitique de l'eau* », Commission AE de l'AN, Président Lionel LUCA, Rapporteur Jean GLAVANY
- Joint Water Committee (JWC), commission conjointe israélo-palestinienne sur l'eau
- Rapport sur l'eau de la Knesset – The Water Issue Between Israel and the Palestinians, Ori Tal-Spiro, 6 février 2011
- La propagande palestinienne,, Alternative News, Novembre 2011
- L'eau en Palestine, infographie de Visualizing Palestine, AFPS
- Au sujet de la désinformation diffusée par le Ministre Palestinien de l'eau, Philippe Pasmanick, 20 mars 2012, sur Israel and Stuff
- La JWC (commission jointe de l'eau) accusée de tous les maux, Laly Derai, Hamodia, 1er février 2012
- Rehabilitation and development policy for Israel's rivers – Ministère de l'environnement, Département Eau et Rivières. Moti Kaplan – juin 1999
- Integrated water management, Israel environment bulletin, Volume 38/mai 2012
- UNESCO, Journée des ONG du 27 juin 2011, L'eau, source de vie, bien commun de l'humanité, ritournelle ou réalités

H – ONG et universités
- Mythes et réalités, un guide pour le conflit israélo-arabe, AICE, 2001, Mitchell G. Bard
- The Israeli Palestinian Science Organization (IPSO) - The Van Leer Institute - Water in Israel: The Dry Facts by Martin Sherman
- *Betzelem*, "Sewage without Borders: Neglect of the Treatment of Sewage in the West Bank", June 2009
- Water for the future - The West Bank and Gaza Strip, Israel, and Jordan, par Committee on Sustainable Water Supplies for the Middle East, Israel Academy of Sciences and Humanities, Palestine

Academy for Science and Technology, Royal Scientific Society, Jordan, US Academy of Sciences, Washington, D.C. 1999 - Library of Congress Catalog Card Number 97-80489

- Joan Peters, From Time Immemorial: The Origins of the Arab-Jewish Conflict over Palestine, 1984 (Hebrew translation in 2008).
- L'agriculture israélienne consomme 50 % de l'eau de bonne qualité pour 3 % du produit national brut et 4 % de la population, Hillel Shuval, Green Prophet
- Site web Water Authority: http://www.water.gov.il
- SANOFI, le Technion et l'Université Al Quds collaborent, Israel Valley, 23 mars 2013
- « **Palaestina -** Monumentis Veteribus Illustrata »

  "Voyage en Palestine", est le titre d'une œuvre écrite en 1695, par Hadrian Reland (ou Relandi), cartographe, géographe, philologue et professeur de philosophie hollandais. Le sous-titre de l'ouvrage, rédigé en Latin, s'intitule : "Monumentis Veteribus Illustrata", édité en 1714 aux Editions Brodelet. Analyse par Raphael Aouate pour http://www.actu.co.il

Table des matières

Remerciements

Tous mes remerciements au Professeur Gvirtzman pour son étude qui m'a fortement inspiré, à Ezra Banoun pour ses contributions sur le chapitre des technologies de l'eau, et à Alexandre Feigelbaum pour ses relectures et sa contribution sur la démographie.

www.ingramcontent.com/pod-product-compliance
Lightning Source LLC
Chambersburg PA
CBHW070328220526
45467CB00001B/81